THE WORLD'S WHEELED ARMOURED VEHICLES

世界の最新装輪装甲車カタログ

清谷信一・編

JN272012

6084-0027

アリアドネ企画

目次

第1章 北アメリカ

- M1114装甲ハンヴィー（アメリカ） …… 8
- LAVシリーズ（アメリカ） …… 10
- ストライカー（アメリカ） …… 12
- コマンドーシリーズ（アメリカ） …… 15
- バッファロー（アメリカ） …… 18
- クーガー／マスティフ（アメリカ） …… 20
- マックスプロ ファミリー（アメリカ） …… 22
- ケイマン（アメリカ） …… 24
- チータ（アメリカ） …… 25
- サラトガ（アメリカ） …… 26
- HIMARS（アメリカ） …… 27
- JLTV（アメリカ） …… 28
- オクレット レンジャーPPV 6×6・8×8 …… 38
- SPV400 …… 40
- コヨーテ …… 41
- HMEE 装甲工兵車 …… 42
- CAV-100 …… 44

第2章 イギリス

- サクソン …… 32
- タクティカ・ファミリー …… 34
- フェレット／サラディン …… 35
- フォックス …… 36
- ベクターPPV …… 37

第3章 フランス

- M3／バッファロー／VCR …… 46
- VBCI …… 48
- AMX-10RC …… 50
- ERC90サゲー／リンクス …… 54
- VAB …… 56
- VAB Mk II／Mk III …… 58
- VBL …… 60
- VBC90 …… 62
- スフィンクス …… 64
- カエサル …… 65
- VBR …… 66
- PVP …… 68
- VLRA装甲型 TPK-420＆バスチオンAPC／パトゥサス …… 69
- …… 70

第4章 ドイツ

- ケラックス装甲トラック … 72
- シェルパライト … 73
- シェルパMRAP … 74
- アラビス … 76
- フクスシリーズ … 78
- ムンゴ … 81
- ディンゴ … 82
- フェネク … 84
- アクトロス装甲トラック … 86
- G-WAGON 280 CDI … 87
- Yak … 88
- ヴィゼント … 89
- AMPV … 90
- GFF4デモンストレーター … 92

第5章 ロシア・ウクライナ

- BTR-80（ロシア）… 94
- BTR-90（ロシア）… 96
- GAZ2975 タイガー（ロシア）… 97
- GAZ-3937（ロシア）… 98
- NONA-SVK（ロシア）… 99
- BRDM-2（ロシア）… 100
- BTR-4（ウクライナ）… 101
- BTR-3U（ウクライナ）… 102
- DOZOR-B（ウクライナ）… 103
- BTR-94（ウクライナ）… 104

第6章 中欧

- ズザナ（スロバキア）… 106
- タトラパン（スロバキア）… 107
- アリゲーター（スロバキア）… 108
- OT-64／SKOT（旧チェコスロバキア／ポーランド）… 109
- BRDM-2VR（チェコ）… 110
- BRDM-2 Mod97（ポーランド）… 111
- FUG／PSzH IV（ハンガリー）… 112
- AM100（ルーマニア）… 113
- ABC 79M（ルーマニア）… 114
- TAB シリーズ（ルーマニア）… 115
- LOV シリーズ（クロアチア）… 116
- ラザーBTR-8808-SR（セルビア）… 117
- ノラB／52 K-1（M-03）（セルビア）… 118
- ソコSP RR（セルビア）… 120
- M09（セルビア）… 121
- BOV（旧ユーゴスラビア）… 122

第7章 その他欧州

- センタウロ（イタリア）… 124
- フレッチア（イタリア）… 126

ピューマ（イタリア） … 128
LMV（イタリア） … 130
スーパーAV（イタリア） … 132
MPV（イタリア） … 133
イーグル（スイス） … 134
ピラーニャ（スイス） … 136
装甲デューロ（スイス） … 142
アーチャー（スウェーデン） … 143
パンドゥールシリーズ（オーストリア） … 144
VAMTAC（スペイン） … 146
AMV（フィンランド） … 148
パシ（フィンランド） … 152

第8章 日本

82式指揮通信車／化学防護車 … 154
87式偵察警戒車 … 156
96式装輪装甲車 … 158
軽装甲機動車 … 160
NBC偵察車 … 162
機動戦闘車 … 163

第9章 中国

VN-1／09式「雪豹」 … 166
07式／Type07PA … 169
WZ523／WZ551 … 170

05式（ZFB-05）「新星」 … 173
FM-90 … 174
VN-3 … 175
VN-4 … 176
SHシリーズ自走砲 … 177
CS／VP3 … 178

第10章 アジア・オセアニア・南アメリカ

ブッシュマスター（オーストラリア） … 180
ハウケイ（オーストラリア） … 182
WAV（韓国） … 183
ブラックフォックス（韓国） … 185
MPV（韓国） … 186
バラクーダ／S-5（韓国） … 187
CM32 雲豹（台湾） … 188
テレックス（シンガポール） … 189
ファーストウィン（タイ） … 190
AV4（マレーシア） … 191
アストロスⅡ自走多連装ロケット・システム（ブラジル） … 192
EE-3ヤララカ／EE-9カスカヴェル／EE-11ウルツ（ブラジル） … 194
ANOA（インドネシア） … 196

第11章 中東

オトカ・アクレプ（トルコ） … 198
BMC-350Z「キルピ」（トルコ） … 199

第12章 南アフリカ

- コブラ（トルコ） …… 200
- パース（トルコ） …… 202
- APV（トルコ） …… 203
- ARMA（トルコ） …… 204
- KAYA（トルコ） …… 205
- エジャー（トルコ） …… 206
- アル・シビル（サウジアラビア） …… 207
- RAM（イスラエル） …… 208
- エクストリーム（イスラエル） …… 210
- ウルフ（イスラエル） …… 211
- カラカル（イスラエル） …… 212
- ワイルドキャット（イスラエル） …… 214
- ファハド（エジプト） …… 215
- ラクシュ（イラン） …… 216
- ラーテル …… 218
- マンバシリーズ …… 221
- ロイカット …… 222
- RG-31チャージャー …… 224
- G6ライノ …… 226
- キャスパー・シリーズ …… 228
- RG-60 …… 230
- ワスプ …… 231
- RG-32シリーズ …… 232

第13章 国際共同開発

- オカピ …… 233
- チャーヴィー・システム …… 234
- サミル装甲トラックシリーズ …… 236
- ムボンベ …… 237
- マタドール …… 238
- RG-35 …… 239
- RG-33 …… 240
- RG-12 …… 241
- RG-41 WACV …… 242
- T-5 …… 243
- REVA IV …… 244
- ボクサー（ドイツ／オランダ） …… 246
- アグラブ（UAE／南アフリカ） …… 248
- ニマー（UAE／ヨルダン） …… 249
- ウォーウルフIV（ナミビア／南アフリカ） …… 250
- RN-94（トルコ／ルーマニア） …… 251
- VBTP-MR（ブラジル／イタリア） …… 252

5

編集協力　　竹内 修、太田博之
制作協力　　吉沢優行
表紙写真　　フェネク（KMW）
裏表紙写真　バジャー（清谷信一）

デザイン　　長沼辰男

第1章
北アメリカ

M1114装甲ハンヴィー

(アメリカ)

USA

1998年、米軍は地域紛争に投入するため、汎用車輌HMMWV、通称ハンヴィーを装甲化したM1114を開発・制式化した。

M1114の重量は装甲が強化されたため、M998より約2t増えている。4枚の防弾ドアは、100mの至近距離から撃った7.62mm徹甲弾を跳ね返し、ウインドウにはホワイト・グラスと呼ばれる見通しのよい防弾ガラスがはめ込まれている。また防弾鋼板製ルーフのエッジ部分は、外側にはみだし、丸く折り曲げられ、155mm砲弾の空中炸裂で四散した破片の直撃から乗員コンパートメントを防護するようになっている。

次に地雷対策は今や常識だが、M1114も車体の底面の前後に装甲プレートが装着されており、12ポンド(5kg)の対戦車地雷が前部(後部が

イスラエル軍等も装甲ハンヴィーを採用した

2kg)で爆発しても乗員を守ることができる。

M1114のエンジンは、車体重量増加に対応するためパワーアップされているGM製V型8気筒水冷ディーゼル・エンジン同にターボチャージャーを取り付け、さらにシリンダーをボアアップして排気量を6,500ccに拡大し、190hpの出力を発生させている。またクロスカントリー性能を向上させるため、タイヤ空気圧中央制御装置(CTIS)も追加装備しており、M1114はM998より重くなったにもかかわらず、最高速度だけでなく加速力も向上している(48km/hまで6.9秒)。

非装甲型も含めHMMVWは2003年のイラク戦争と、タリバン政権崩壊後のアフガニスタンにおける治安維持戦に派遣されたが、IEDや地雷、敵対勢力が多用する大口径狙撃銃などにより大きな損害を受けてしまった。とりわけ非装甲型のH

M998 ハンヴィーの4面図

地域紛争対応のために開発されたM1114装甲強化ハンヴィー

MMVWの損害は大きかった。現地部隊はやむなく破損した装甲車輌の装甲板などを流用してHMMVに取り付け、急場をしのぐという事態に陥っていた。

これを重く受け止めたアメリカ軍は、HMMVの後継となるJLTV（統合軽戦術車輌）の開発を進め、さらに対地雷能力に優れた装甲車のMRAPやM-ATVを緊急調達したが、JLTVは制式化にはまだ時間がかかり、MRAPとM-ATVには調達コストが高いという問題があった。

このためアメリカ軍は、M998の装甲強化型であるM1025に、戦場で着脱可能な増加装甲を装着できるM1151、M1113へ、同時に開発された基本形のM1025と同様の増加装甲キットを装着可能とするM1165などの装甲強化型HMMVを開発するに至った。増加装甲キットを装着したHMMVは、非装甲型のHMMVに比べて敵の攻撃に対する耐久力は増したものの、重量の増加に伴うバランスの変化により、横転事故を起こしやすいという難点があることが明らかになっている。また、調達コストも非装甲型のHMMVが1輌あたり6万5,000ドル程度だったのに対し、装甲強化型は14万ドルと高く、アメリカ軍全体で30万輌以上が運用されているHMMVの中で、装甲強化型の占める割合は多いとは言えない。

M1114の装甲強化キット

データ（M1114）

戦闘重量	5,489 kg
全長	4.99 m
全幅	2.3 m
全高	1.9 m
底面高	0.30 m
出力重量比	34.6 hp/t
加速力 (0-48km/h)	6.96 秒
路上最大速度	125 km/h
路上航続距離	443 km
渡渉水深	0.762 m
登坂力	60 %
転覆限界	40 %
接近／発進角	46.5°／33.5°
旋回半径	7.62 m
主機関	V型8気筒水冷ディーゼル
出力	190 hp
ギアボックス	前進3速、後進1速
トランスミッション	GM3L80
懸架装置	ダブルAフレーム・コイルスプリング
主武装	12.7 mm重機関銃 または40mm自動擲弾発射機×1 など
乗員	4名

LAVシリーズ

USA/CANADA

（アメリカ・カナダ）

アメリカ海兵隊 LAV-25

LAVシリーズは、緊急展開部隊であるアメリカ海兵隊の要求に基づいて開発された、8×8の装輪装甲車だ。

LAVはスイスのモワーグ社が開発したピラーニャIIをベースにGMカナダ（現ジェネラル・ダイナミクス・ランドシステムズ・カナダ）社が開発と製造を担当しており、同社は後に同じピラーニャIIIシリーズのピラーニャIIIをベースとして、アメリカ陸軍のストライカーの原型でもあるLAV-IIIシリーズを開発している。

基本形であるLAV-25は、主武装としてM242ブッシュマスター機関砲を1門副武装としてM240 7.62㎜機関銃を2挺装備している。車内の配置は前部左が操縦席、右が機関室、続いて砲塔部、車体後部が兵員室となっており、兵員室には3人用ベンチシートが背中合わせに設けられている。ただしガンポート（銃眼）はなく、側面と後面に外部視察用のビジョン・ブロックが各2基ずつ取り付けられている。

パワーパック（エンジンと変速機）はGMデトロイト・ディーゼル製6V-57Tディーゼル・エンジン（出力275hp）とアリソン製MT653自動変速機（前進5速、後進1速）。タイヤはハンソン11.00×16インチというジープ並の小さなランフラット・タイヤを履いている。懸架システムは4軸8輪、全輪独立懸架で、前の2軸4輪がコイル・スプリングと緩衝装置、後の2軸4輪がトーションバー（ねじれ棒式）と緩衝装置になっており、前の2軸4輪が左右に動く操向機構を備えている。車体後部にはスクリュー推進機が2基あり、車体前部のトリムベーン（波切り板）を立てて9.65km/hのスピードで水上航行できる。

LAVシリーズは全溶接構造で、7.62㎜弾に対する防弾

車内に81mm M252迫撃砲を搭載したLAV-M車内透視図

ニュージランド陸軍のLAVⅢ（Ox glennwhite）

能力がある。もちろん十分な耐弾力とはいえないが、LAVシリーズ（一部の車体を除く）にはMH-53Eヘリコプターでの被空輸能力が求められており、軽量化と防護力の相関関係の中で、海兵隊の運用要求を重視した結果この選択となったのである。しかし対テロ戦が激化して以降は被空輸能力を犠牲にしても防御力を向上させる事が求められたため、後に登場した能力向上型LAV-25A2は、14・5㎜弾の直撃に耐えるレベルにまで装甲が強化されている。

なお、LAV-25A2は装甲の強化のほか、砲塔の駆動方式の変更（油圧式から電動式に）や、FCSの更新（赤外線カメラをレーザー測距儀に変更）といった改良が加えられている。

LAVには基本形のLAV-25のほか、LAV-AT戦車駆逐車、自走迫撃砲のLAV-M、回収車のLAV-R、補給輸送車のLAV-L、防空型LAV-AD、指揮通信車型LAV-C2、電子戦車のLAV-MEWSSなどのバリエーションが存在している。

またLAV-Ⅲはカナダとニュージーランドに採用されており、カナダ陸軍はエンジンの換装や防御力の強化などの改良を施して、2035年まで運用する事を明らかにしている。

オーストラリアにも採用されている。アメリカ海兵隊は現在後継車輌の選定を進めているが、LAVシリーズは2024年まで現役に留まる予定となっている。

LAVシリーズはアメリカ海兵隊のほか、サウジアラビア、

LAV APC型の兵員室内部

データ（LAV-25）

戦闘重量	12.79 t
全長	6.39 m
全高	2.69 m
全幅	2.49 m
出力重量比	21.49 hp/t
路上最大速度	100 km/h
路上航続距離	668 km
登坂力	60 %
転覆限界	30 %
旋回半径	15.3 m
主機関	6V-57T ディーゼル（出力 275 hp）
トランスミッション	アリソンMT-653 6速オートマチック
懸架装置	トーションバー／コイル・スプリング
主武装	25 mm 機関砲×1
副武装	7.62 mm 機関銃×2
乗員	3+5 名

ストライカー

USA（アメリカ）

ストライカー装甲車は2000年代より本格化した米軍再編計画の一環として、前方展開を改め緊急展開能力の整備をもって、世界規模の予防外交及び武力紛争抑止を目指す装備体系の中枢として装備され、部隊化が進められた車輌だ。

車体部分は基本車体選定により世界中から応募された各種装甲車の中で最も必要水準に近い能力を発揮するとして採用された、スイスのモワーグ社製ピラーニャⅢ装甲車で、これを元に米軍仕様とした。

ストライカー装甲車はC-130輸送機への搭載が念頭に置かれており、各国空軍の保有する戦術輸送機より

ルーフにはプロテクターRWSが搭載されている

も一桁多い米空軍の空輸能力が、装甲部隊であっても一定の戦力を一挙に緊急展開させることが可能となるのだ。加えて、米海軍が計画する沿岸海域戦闘艦にも一個中隊規模の搭載と緊急展開が可能で、地球上如何なる地域へも72時間以内のストライカー旅団部隊の展開が可能とされている。

武装は、コングスバーグ社製M-151RWS（遠隔操作式銃搭）により、12.7mm機銃を最大6,500mまでの距離で火力投射可能で、この他40mm自動グレネード・ランチャーも搭載できる。遠隔操作式銃搭は4秒以内に全周旋回し、昼夜兼行型火器管制装置により目標を識別し正確に射撃を指向する。

部隊間の協同交戦能力には、GPSとEPLRS自動位置測定報告システムとFBCB-2戦闘指揮端末を搭載、SINCGARS無線システムにより部隊一体となった戦闘を展開可能だ。乗員は2名で下車歩兵は9名、カービンに加え分隊支援火器や軽機関銃、擲弾発射器を装着したカービンを携行する。その火力は大きい。

C-130輸送機での空輸も可能だ

12

機動力は、搭載する350hpのキャタピラー社製3126エンジンにより最高速度は100km/hに達する。搭載する200ℓの燃料により路上航続距離は最大531km、路外機動でも241kmの走行が可能とされている。エンジンは陸軍汎用輸送車輌と共通性を持たせている為、整備性は高い。変速機は前進6段後進1段方式のアリソン製MD3066で、レクスロス社製独立油気圧懸架装置により各車輪が車体制動を図り動揺を局限しているほか、ハチソン社製ランフラットタイヤは中央空気圧自動調整装置により、不整地突破能力を最適化する。これにより超壕能力は2mを発揮するが水上浮航能力は無い。操縦特性は4輪駆動と8輪駆動切替式で前部四輪が操舵輪となり、アルヴィンメリター社製ABSブレーキを採用したことで、装輪装甲車の弱点である重心位置と急操作の相乗による横転を防いでいる。

IEDで被害を受けたストライカー

防御力は、14.5mm重機銃弾への耐弾が限界となっているが、MEXASセラミック防弾増加装甲が132枚装着されており、200m以上の距離から発射された14.5mm機銃弾

基本車体は全溶接構造高硬化防弾鋼板で7.62mm徹甲弾全周防御と、部分的に12.7mm重機関銃弾耐弾となっている。

を阻止する。ただ、この装甲はRPGに代表される携帯対戦車火器に対し脆弱性なため、脅威が高い巡回任務などではスラット・アーマーを用いて車体を防護する。近年は紛争地での簡易爆発物IEDにより待伏せ攻撃が多用されるため、座席部分は衝撃緩和構造が採用され、車内にはスポールライナーが張られる。特殊武器攻撃にはデルフィ社製NBC防護装置を搭載、装甲部隊ではなく緊急展開を行う軽装甲部隊としては一定の水準を満たしているといえよう。ストライカー装甲車は各種派生型を以て旅団戦闘団を構成している。

ケージ装甲を付加されたストライカー

基本型は前述したM-1126-ICVであるが、偵察用のM-1127-RV、105mm機動砲のM-1128-MGS、120mm迫撃砲を自走化したM-1129-MC、指揮通信車輌であるM-1130-CV、火力統制を行うM-1131-FSV、工兵用車輌であるM-1132-ESV、自走装甲救急車型であるM-1133-MEV、自走TOW対戦車ミサイル発

射型のM1134-ATGM、特殊武器攻撃に対する偵察と情報収集を行うM1135-NBCRV、以上10種類が開発されており、研究として155mm自走榴弾砲型も模索された。
ストライカーは、既に約3,000輌が生産されており、米陸軍へ納入されている。各種派生型309輌から編成されるストライ

ストライカーは工兵、対戦車火力支援、自走迫撃砲などのファミリーが存在する

カー旅団戦闘団を編制する念頭に装備が進められたが、当初計画では最大55個旅団を編制し、陸軍戦力の中核を構成する計画があったものの、イラクの治安作戦やアフガニスタン山岳掃討任務等により陸軍装備体系の整備計画が変更され、2012年現在では第2歩兵師団や第25歩兵師団、第28歩兵師団や第1機甲師団等の9個旅団に配備されているのみで、加えて完全充足しているのは3個旅団のみということだ。

APC型は7名の下車歩兵が搭乗できる

データ （M1126）

戦闘重量	17,200 kg
全長	6.88 m
全幅	2.68 m
全高	2.60 m
主機関	キャタピラー3126 ターボチャージド・ディーゼル
同出力	350 hp
トランスミッション	アリソン MD3066
路上最大速度	97 km/h
路上航続距離	531 km
武装	12.7mm 機関銃 または 40mm グレネード・ランチャー
乗員	2+9 名

コマンドー シリーズ

USA （アメリカ）

V150はアメリカ陸軍の憲兵隊でもM1117として使用されている（S. Kiyotani）

アメリカのキャデラック・ゲージ・テキストロン社は、1962年に4輪駆動の装輪装甲車V-100コマンドーを製作して以来、これまでに約5,000輌を超える同シリーズを生産してきた。

コマンドーシリーズの特徴は、独特のソロバン球のような形をした、軽くて頑丈な車体構造と、構造や部品の単純化を図ったことだ。アメリカ陸軍の主力戦闘車輌としては能力不足の感もあるが、中小国の軍隊が必要とする警戒・制圧任務にはちょうど手頃なサイズと言える。

コマンドーシリーズで最も成功を収めたV-150は見掛けこそ小ぶりだが、兵員12人を収容するだけのスペースを持つ。車体は防弾鋼板の全溶接構造で、小火器弾、砲弾片、火炎瓶攻撃に耐えられる。特に防弾鋼板は耐弾力のあるキャデロイと呼ばれる積層式の高硬化装甲板が使用されている。

足回りは、機関が6CTAディーゼル・エンジン（出力250hp）、6速自動変速機、そして懸架装置を組み合わせており、最高速度116km/h、最大航続距離800km（燃料302ℓ）と路上高速性能が際立って優れている。またスチールで補強されたランフラット・タイヤを採用しており、パンクした場合でもしばらくの間は80km/hで走行することができる。タイヤの回転によって推力を得る方法のため4km/hと低速ではあるものの、浮航能

傾斜した装甲により良好な避弾経始を実現している

15

力も有している。

V-150はアメリカ陸軍に警備車輌M1117として1,386輌が採用され、補給部隊の護衛車輛としてイラクやアフガニスタンでも活躍している。またイラク、カナダ、コロンビア、ルーマニアに採用されたほか、またカナダなども発注を決めている。

V-150からは6×6型のV-300と、V-300に105mm低反動砲を搭載したV-600が開発されている。V-300の車体はV-150よりも一回り大きく、またパワー・プラントはV-150と同じカミンズ6CTAディーゼル・エンジンを採用しているものの、ターボ・チャージャーの装備により出力が25hp向上しており、路上最大速度は100km/hと、この種の車輌として

ポルトガル軍にも採用されたV-150

ては十分すぎるほどの高速性能を持つ。

V-600の構造はV-300を踏襲しているが、105mm砲の強烈な砲撃反動を支えるため、第1車軸はコイル・スプリング、第2、第3車軸はより頑丈なトーションバー（鋼の捩れ棒）方式を採用している。

V-600が搭載している3人用砲塔は、M8スティングレー軽戦車のものを流用しており、105mm砲弾を砲塔内に8発と車体に24発携行できる。もともと中小国をターゲットに開発さ

チームスピリット'81において警備につくM1117

16

れた車輌のため、レーザー測遠機、や熱線映像装置、デジタル弾道コンピューターなどの高度な射撃統制装置や、NBC防護システム、ハロン自動消化システムなどはすべてオプションとなっている。

V-300とV-600は輸出市場でV-150ほどの成功を収められなかったものの、V-300はクウェート、パナマ、フィリピン、ベネズエラ、V-600もタイとフィリピンに採用されている。また、V-150～V-600と同じキャデロイ装甲板を使用した、小型の4×4偵察車輌のコマンドー・スカウトも、インドネシアやエジプトなどに採用されている。

ドアは左右及び右後部の3ヶ所にある

アフガニスタンに派遣されたM1117

データ (V-150)

戦闘重量	13,408 t
全長	6.07 m
全幅	2.56 m
全高	2.59 m
底面高	0.46 m
出力重量比	22.91 hp/t
路上最大速度	100 km/h
路上航続距離	708 km
登坂力	60 %
転覆限界	30 %
旋回半径	8.35 m
主機関	カミンズ 6CTA ディーゼル出力 260 hp
トランスミッション	アリソン製 MD3560 6速オートマチック
主武装	40 mm オートマチック・グレネードランチャー×1、12.7mm 機関銃×1
乗員	3名／兵員 2名（砲塔装備時）

バッファロー

(アメリカ)

USA

ゼネラル・ダイナミクス・ランドシステムズ（GDLS）社のバッファローは、いわゆるMRAP（Mine-Resistant, Ambush-Protected）の一種で、爆発物処分用途に特化したカテゴリーⅢに属する6×6車輌である。もともとフォース・プロテクション社の傘下、テクニカル・ソリューションズ・グループの製品だ。GDLSが2011年12月にフォース・プロテクション社を傘下に収めたため、現在はGDLSの製品となった。用途が特殊なので数は多くないが、それでもアメリカに加えてカナダ、イギリス、フランス、イタリアからの発注があり、合計で900輌以上に達している。

同社製の6×6型MRAPには次項で取り上げるクーガーもあるが、クーガー6×6がカテゴリーⅡ、バッファローがカテゴリーⅢという分類の違いがあり、バッファローの方が重装備で、

ドイツにてIED処理の訓練を行うアメリカ軍のバッファロー

厳しい任務に対応できる設計となっている。装甲防禦の強化などに起因する大量重化に対応して、エンジンの出力はクーガーと比べて三割増となっている。

MCV（Mine Clearance Vehicle）、RCV（Route Clearance Vehicle）、あるいはMPCV（Mine Protected Clearance Vehicle）といった名称の通り、EOD（Explosive Ordnance Disposal）チームが実施する前路啓開や地雷・IED（Improvised Explosive Device）の処分を主な用途としている。つまり、車輌隊が通る予定のルートを先行して、地雷やIEDといった脅威を捜索、発見したものを処分して道路を安全に利用できるようにするのが仕事だ。そのため、車内から遠隔操作する処分作業用アーム「アイアン・クロウ」や監視カメラなど、各種の爆発物処分機材を搭載している。

このように危険度が高い任務に従事するため、MRAPの定番であるV型断面車体や重装甲に加えて、RPG（Rocket Propelled

Grenade）対策としてBAEシステムズ製のアルミ製軽量型スラット・アーマー・LRODの装備を可能としている。マスト装備型のセンサーを使用する監視システム・VOSS（Vehicle Optics Sensor System）も備えている。

バッファローは、兵員輸送が本務ではないので座席は少なく、キャビンは比較的小型だ。車内に左右一列ずつ、前向きの座席を配置している。ペイロードは17.5tもあり、後部にオープン・スペースを確保している点が外見上の特徴となる。

フランス軍では2009年4月からアフガニスタン派遣部隊にバッファローを配備しており、工兵隊の地雷処分チーム（NEDEX：Neutralisation, Enlèvement et Destruction d'Engins eXplosifs）が運用している。MBDA社製のSOUVIM（Système d'ouverture d'itinéraires minés, or route-opening system in mined terrain）を使って地雷やIEDの捜索と発見時のマーキングを行い、それをバッファローを装備するチームが処分する形だ。

なお、米軍では途中から改良型のバッファローA2に発注を切り替えた。それと区別するために、初期型をバッファローA1と呼ぶこともある。

フランス陸軍のバッファロー（AlfvanBeem）

データ

戦闘重量	34.5 t
全長	8.2 m
全幅	2.69 m
全高	3.96 m
底面高	457 mm（前デフ）、380 mm（後デフ）
出力重量比	12.75 hp/t
路上最大速度	88 km/h
路上航続距離	528 km（85ガロン燃料タンク付）
渡渉水深	1 m
登坂力	60°（後部ラダー収納時）
転覆限界	30°
接近／直進角	25°
主機関	キャタピラー製C13ディーゼル（12.5 L）
出力	440 hp/1,800 rpm
ギアボックス	キャタピラー製CX31
トランスミッション	6速AT
懸架方式	アクスルテック製
乗員	2名＋4名

クーガー／マスティフ

(カナダ)

アメリカ海兵隊のクーガー

ゼネラル・ダイナミクス・ランドシステムズ社製のクーガーは、同社製MRAPのうち、カテゴリーIとカテゴリーIIをカバーしている。バッファローと同様、もともとフォース・プロテクション社の製品で、それが後日の買収でGDLS社の製品になった。カテゴリーIとカテゴリーIIの合計で、2006～2011年にかけて約4,500輌の受注を得ている。

米陸軍では、すでに配備しているクーガーに対して、オシュコシュ社製のTAK4独立懸架式サスペンションを組み込んで機動性を高める改修や、燃料タンクの抗堪性を向上させる改修など、さまざまなアップグレードを実施している。

カテゴリーIは4×4のモデルで、その名のように汎用MRUV（Mine Resistant Utility Vehicle）と称する。

カテゴリーIIは6×6のモデルで、兵員輸送、指揮、観測／偵察、負傷者後送、パトロールや車輌隊の警備など、さまざまな用途に対応している。つまり前述のバッファローと同様に地雷やIEDの処分を主な任務としている。4×4モデルと比べると大型になった分だけ搭載量が多く、重くなっているが、エンジンやトランスミッションは同じなので、機動性や航続性能は低下している。IED処分や前路啓開に使用する車輌を緊急調達することに

スラットアーマーを装備したマスティフ (S. Kiyotani)

CANADA

アフガニスタンに派遣されたアメリカ海兵隊のクーガー

なった英陸軍では、クーガー6×6の導入を決定。犬の名前を付ける伝統に合わせて、マスティフという名前で361輌を発注した。また、同じ車体を使った輸送型をウルフハウンドという名称で2009年4月に97輌、クーガー4×4型をリッジバックという名称で2009年4月に154輌、それぞれ発注している。

イギリス向けのクーガーは、ベース車輌をアメリカから輸入して、兵装、増加装甲、通信システム、暗視装置といったイギリス軍に固有の装備を自国内で取り付けている。

兵装には7.62mm機関銃や40mm擲弾発射機を使用しているが、一部の車輌は車内から操作できる遠隔操作式ウェポン・ステーションを装備する。この改修作業はNPエアロスペース社が担当していたが、その後に同社がフォース・プロテクション社とISTが合弁企業を設立、現在はこちらが作業を担当している。

また、カナダ陸軍のTAPV（Tactical Armored Patrol Vehicle）計画において、2010年6月にクーガー4×4の採用が決定した。TAPV計画の主契約社はテクストロン社で、ラインメタル社やコングスベルク社も参画、2014年7月から2016年3月にかけて量産する予定。エンジンはカミンズ製QSL365（365hp）と伝えられている。

その他のカスタマーとしては、クロアチア、デンマーク、グルジア、ハンガリー、イタリアがあるが、いずれもアフガニスタン派遣部隊向けで、アメリカから供与を受けた事例もある。

データ

	4×4 / 6×6
戦闘重量	19.5 t / 29.3 t
全長	6.35 m / 7.52 m
全幅	2.71 m / 2.71 m
全高	3.02 m / 3.02 m
底面高	380 mm（デフ）/ 380 mm（デフ）
出力重量比	16.9 hp/t / 11.3 hp/t
路上最大速度	88 km/h / 88 km/h
路上航続距離	676 km / 563 km
渡渉水深	99 cm / 99 cm
接近／直進角	40度／40度
主機関	キャタピラー製C7ディーゼル／キャタピラー製C7ディーゼル
出力	330 hp/2,400 rpm / 330 hp/2,400 rpm
ギアボックス	アリソン製3500SP／アリソン製3500SP
トランスミッション	AT／AT
懸架方式	マーモン・ヘリントン製／マーモン・ヘリントン製
乗員	2名+4名／2名+8名
ペイロード	2,268 kg / 7,258 kg

マックスプロ ファミリー

（アメリカ）

USA

マックスプロ基本型（左）、マックスプロ・プラス（右）

民生用のトラックやバスを手掛けているナヴィスター・インターナショナル社の防衛部門、ナヴィスター・ディフェンスが手掛けるMRAPが、マックスプロ・シリーズである。各種MRAPの中でも最大の勢力を持ち、シリーズ全体で8,779輌の受注を得ている。

このうち5,000輌以上を受注から1年足らずで納入するというハイペースの量産だった。なお、装甲防禦についてはイスラエルのプラサン・ササ社が担当している。

マックスプロには、基本型に加えてマックスプロ・プラス、マックスプロ・アンビュランス、マックスプロMEAP（MRAP Expedient Armor Program）、マックスプロ・エアフォースといった派生型がある。このうちマックスプロ・プラスは、基本型と同じ車体を使い、後輪を二重化して負担力を増大、エンジンをナヴィスター製マックスフォースD9・3 16、変速機をアリソン製3200SPに強化することで搭載力と機動性を高めたモデルだ。また、防禦力の面ではEFP（Explosively Formed Penetrator）対策強化などの手を打っている。そのため、基本型と比べると総重量が5tに近く増えて24・4tとなった。

マックスプロ・シリーズは、ナヴィスター社がもともと手掛けている民生向けトラック、インターナショナル・ワークスター7000シリーズの足回りを活用する形で作られた。このため、スケール・メリットによるコストダウンを見込めるだけでなく、量産性の向上や兵站支援面メリットも期待できる。同社の製品がMRAPの中で最大のシェアを占めた背景には、こうした事情があったのではないだろうか。実際、同社は2007〜2008年のピーク時に、月産500輌のペースを達成している。

なお、既存のマックスプロやマックスプロ・プラスについて、

小型軽量化したマックスプロ・ダッシュ

悪路走破性の向上を企図して、DXM独自懸架式サスペンションを導入する作業を進めている。他のMRAPはオシュコシュ社製のTAK-4を使用する事例が多いが、ナヴィスター社は自前のサスペンションを使用している。

また、道路事情が悪いアフガニスタンで使用するため、小型・軽量化を図ったマックスプロ・ダッシュという派生型も開発した。2008年9月に採用が決まり、合計3,558輌を受注している。つまり、これがシリーズ全体の四割を占めている。

マックスプロ・ダッシュは、基本型マックスプロと85％のパーツを共用しつつ、2tの軽量化に加えて車体の小型化を実施、最小回転半径も小さくしている。ペイロードは4.5t。マックスプロ・ダッシュにも、リーフリジッド式に代えてDXM独立懸架式サスペンションを導入したモデルがある。2011年にはマックスプロ・ダッシュの救急車型と回収車型の発注もあった。救急車型はDXM独立懸架式サスペンションを装備するが、これで乗り心地が改善すれば、収容される負傷者にとってはありがたいだろう。

このほか、車体後部のキャビンを廃止してクレーンを搭載したユーティリティ型や、トレーラーの牽引に使用するトラクター型、回収車型も存在する。

アメリカ以外のカスタマーとしては、クロアチア、エストニア、ギリシア、ハンガリー、ポーランド、ルーマニア、シンガポール、韓国がある。その大半はクーガーと同様に、アフガニスタン派遣部隊向けである。

2009年アフガニスタンにて警備につくマックスプロ・ダッシュ

データ

	マックスプロ/マックスプロ・ダッシュ/マックスプロ・ダッシュ(DXM)
戦闘重量	19.7 t/22.2 t/23.4 t
全長	6.45 m/6.25 m/6.25 m
全幅	2.59 m/2.59 m/2.62 m
全高	3.05 m/2.77 m/2.92 m
底面高	279 mm (デフ) 355 mm (車体) / 279 mm (デフ) 355 mm (車体) / 394 mm (デフ) 431 mm (車体)
出力重量比	16.7 hp/t / 16.7 hp/t / 16.0 hp/t
渡渉水深	914 mm/914 mm/1,067 mm
転覆限界	30°/30°/30°
接近/直進角	40°/40°/46°
旋回半径	9.45 m/8.23 m/8.23 m
主機関	ナヴィスター製マックスフォース DT530/ ナヴィスター製マックスフォース 10/ ナヴィスター製マックスフォース 10
出力	330 hp/375 hp/375 hp
ギアボックス	アリソン製 3000/ アリソン製 3200SP/ アリソン製 3200SP
トランスミッション	5速AT(2速トランスファー付)/ 5速AT(2速トランスファー付)/ 5速AT(2速トランスファー付)
懸架方式	リーフリジッド/リーフリジッド/コイルバネ式独立懸架
乗員	2名+4～6名/2名+4名/2名+4名
ペイロード	1.66 t/3.85 t/4.54 t

USA

ケイマン

2009年イラクに展開したアメリカ陸軍のケイマン6×6

（アメリカ）

自社の軍用トラック・FMTV（Family of Medium Tactical Vehicle）のうちAIRモデルのコンポーネントを活用、そこにLSAC（Low Signature Armored Cab）と呼ばれる装甲キャブを組み合わせて、コスト削減と兵站支援の合理化、それと防禦力の両立を図っている。現行のFMTVはオシュコシュ社製だが、その前はBAEシステムズ社製だったので、こういう図式になる。

2010年に救急車型の開発が伝えられたほか、同年9月には、既存の1,700輛をケイマンMTV（CMTV：Caiman Multi-Terrain Vehicle）仕様にアップグレード改修する契約を、6億2,900万ドルで受注した。装甲防禦の改善と、エンジン出力強化や独立懸架式サスペンションの導入による機動性向上が目的である。

ケイマンといってもポルシェ・ケイマンとは何の関係もない、スチュワート＆スティーブンソン社（2005年にアーマー・ホールディングス社が買収）のMRAPだ。現在はその後の買収で、BAEシステムズ社の製品になっている。カテゴリーⅠとカテゴリーⅡのモデルがあり、それぞれ3,150輛と1,927輛を受注した。

当初に登場したのは6×6モデルで、2008年10月に4×4の軽量モデル、ケイマン・ライトが登場した。重量軽減を図りつつも、85％のコンポーネントを共用している。また、全輪操舵とすることで最小回転半径を5m台に縮小した。

データ （ケイマン4×4）	
	※（ ）内は6×6
戦闘重量	20.9t (18t)
全長	6.52 m (7.27 m)
全幅	2.59 m (2.47 m)
全高	3.09 m (2.81 m)
底面高	(584 mm)
出力重量比	17.7 hp/t (18.3 hp/t)
路上最大速度	105 km/h (105 km/h)
路上航続距離	483 km
渡渉水深	915 mm (915 mm)
登坂力	60° (60°)
転覆限界	30° (30°)
接近／直進角	40° (43°)
主機関	キャタピラー製 (C9)
出力	370 hp (330 hp)
ギアボックス	キャタピラー製 (CX28)
トランスミッション	(2速トランスファー付)
乗員	5名 (10名)

チータ （アメリカ） USA

(S. Kiyotani)

チータはアメリカのフォースプロテクション社（現ジェネラル・ダイナミックス傘下）が2006年に開発したMMPV（中型耐地雷装甲車）で、同社のバッファロー、クーガーなどの耐地雷装甲車のラインナップでは最も小さい。開発に当たっては米軍でも採用されている南アフリカの耐地雷装甲車RG-35のシャーシが使用されている。

車体構造は操縦手と銃手に3名の乗員により運用され、全長5・4m、全幅2・3m、全高2・2 6m。耐爆性能を重視し、底部を路面より離隔したうえで爆風を側縁に反らすV字型構造を採っているが車高は低く抑えられている。加えて側方からの爆風の車体横転を考慮し傾斜装甲が採用されていて、車体前部にエンジンを配置、中央から後方にかけてが乗員用キャビンとなっている。重量は7・7tであるが、増加装甲を追加する事で10・4tまで増大する方式となっている。

チータは戦闘に積極的に加入するものではないか、基本的に車体上面からの携帯火器の射撃や降車戦闘を念頭に置き、必要に応じて遠隔管制式銃搭を搭載し降車戦闘における火力支援などを行う。

機動力は搭載する275hpのカミンズ社製ディーゼルエンジンにより最高速度122km/hを発揮可能で、航続距離は800kmだ。登坂力は60‰、傾斜地走行限界は30‰とされている。防御力に関しては車体形状と車体防御力に相乗する形で、戦闘地域での巡回において最大の脅威となる簡易爆発物への防御力を有している。ただ、この種の脅威は防御力に対応し威力を増して行くため、継続的に防御力を強化させなければならない。

チータは米海兵隊が2007年に実施した小型耐爆車輌選定へ有力候補として投入されたが、制式化には至らなかったため13輌が試作されたにとどまっており、その後5年を経た今日でも採用の見通しは無い。

データ

戦闘重量	7,700 kg
全長	5.4 m
全幅	2.3 m
車体上高	2.2 m
出力重量比	35.7 hp/t
主機関	カミンズ社製ディーゼルエンジン
同出力	275 hp
トランスミッション	アリソン2500SP
路上最高速度	122 km/h
路上航続距離	800 km
乗員	1+3 名

HIMARS

USA
（アメリカ）

M142 HIMARSはアメリカ陸軍が次世代軍団ロケット砲兵装備MLRSとして開発したM-270の軽量型で、車体部分はアメリカ陸軍の兵站車輌FMTV/5tトラックが流用されている。

644個の子弾を用いて人員、物資集積所、軽車輌などへの面制圧や機甲部隊への攻撃に用いるM-26、単弾頭をGPS精密誘導により投射し、最大45km先の長距離目標を破壊するM-31、もしくは発射機に1発搭載し、軍団規模の戦域ミサイルとして運用する射程165kmのATACMS等を運用できる。乗員は3名で、再装填装置を備えていないため、連続した火力投射が可能だ。

本車はC-130輸送機での空輸が可能であること

に加え、路上を高速で移動できるメリットだ。これはM-270には無いメリットだ。HIMARSは当初、トラックにMLRSの発射装置を搭載した、簡易な車輌として開発されているが、現在は車体の乗員区画に装甲防御能力が付与されている。

装甲はイラク治安作戦において、FMTVトラックに装着された装甲と同型のものが採用されている。

また、車体正面2ヵ所と側面各1ヵ所には防弾ガラスが採用されており、小銃弾や至近距離からの機関銃弾や爆発物の爆風及び破片から乗員の防護を期している。

アメリカ陸軍では第17砲兵旅団、第18砲兵旅団、第214砲兵旅団と州兵7個砲兵旅団に配備され、海兵隊にも第11海兵連隊と第14海兵連隊に装備されている。また、シンガポール、ヨルダン、アラブ首長国連邦にも十数輌から20輌程度が装備されている。

ランチャーには6発のロケット弾が収納される

C-130輸送機による迅速な展開が可能だ

データ

戦闘重量	15,870 kg
全長	7.76 m
全幅	2.4 m
全高	2.91 m
主機関	キャタピラー C-9 ディーゼル
同出力	330 hp
トランスミッション	アリソン MD4560P 全自動
路上最大速度	94 km/h
路上航続距離	484 km
乗員	1+2 名

USA

サラトガ

(アメリカ)

サラトガはナビスター・インターナショナル社が2011年にプライベートベンチャーとして開発した、4輪駆動の軽野戦車輌だ。これはハンヴィーとJLTV（Joint Light Tactical Vehicle 統合軽戦術車輌）の中間を狙った車体で、特殊部隊などに提案している。ハンヴィーは装甲型でも充分な生存性、特に地雷・IEDに対しての耐性を有しておらず、対してハンヴィーの後継として開発されたJLTVは、防御力は高いが、その分重く機動性は劣っている。そのギャップを埋める製品というわけだ。

サラトガは操縦手1名と乗員3名が乗車可能である。乗員のほか3,260kgまでの貨物や補給品などを搭載可能で、この他野砲の牽引能力を有しており120mm迫撃砲や軽量の155mm榴弾砲を牽引することが出来る。乗車戦闘は基本的に車体上面のハッチからの展開となり、重機関銃や自動擲弾銃などを搭載可能で、遠隔管制式銃搭の運用も念頭とした設計が採られた。

本車の機動力は、アリソン社製6段式自動変速器と325hpのマックスフォース社製ディーゼルエンジンにより最高速度100km/h以上を発揮可能で航続距離は650km。渡河に際しては0．76mまでの走行が限界とのこと。不整地突破能力については車体中央部に車輪空気圧調整装置が搭載されている。懸架装置には油気圧懸架方式が採用され、車高を1・93mで低下可能、これは輸送機や艦艇に搭載しての戦略機動時に有効であろう。

車体そのものの防御力は大きくはないが簡易爆発物からの防御力が求められていることからセラミック増加装甲やチタンプレートによる防御力向上を念頭に置く構造である。

データ

戦闘重量	9,979 kg
全長	5.72 m
全幅	2.59 m
車高	2.97 m
出力重量比	50.7 hp/t
主機関	マックスフォース社製ディーゼルエンジン
同出力	325 hp
トランスミッション	アリソン社製6段式自動変速器
路上最高速度	100 km/h
路上航続距離	650 km
乗員	1+3名

JLTV

USA
（アメリカ）

ハンヴィーの後継となれるか？ 開発中のJLTV

採用から30年近くが経ち（制式化は1983年3月、最初期車体の導入は85年）、性能的限界も見えてきたハンヴィーの後継として開発中の車輌がJLTVである。JLTVとは「Joint Light Tactical Vehicle：統合軽戦闘用車輌」の略であり、その名の通り、多目的運用が可能でありながらハンヴィーとは違いある程度の戦闘にも供し得るよう、一定の防御力も兼ね備えた車輌となっている。

ハンヴィーは確かに優れた車輌であり、アメリカ四軍のワークホースとして充分な能力を有していた。しかし、冷戦構造が崩壊し、小規模紛争が頻発する不正規戦の時代に突入すると、ソフトスキン（無装甲）の支援用車輌として開発されたが故のハンヴィーの防御力不足が顕著になってしまったのである。

ハンヴィーが開発された1970年代後半は冷戦の真っ只中にあり、ベトナム戦争などの教訓があるにせよ、主として正規戦を想定していたため、支援車輌は無装甲な分、汎用性に富んでいたほうが良いとされていた。かつての戦争の体系的変化がむしろハンヴィーの限界をさらけ出してしまったといえよう。装甲ハンヴィーにしても、地雷やIEDに対して実質的には車体に装甲を貼り付けただけであり、充分な耐性を有していなかった。

JLTVの研究自体は2000年頃から行われてきたが、本格的になったのはイラクやアフガンで無装甲のハンヴィーが多数損害を被るようになった2005年以降であり、2008年初頭にはボーイング・テクストロン、ゼネラルダイナミクス・

BAE&ナビスターのJLTV カテゴリー A

BAE&ナビスターのJLTV カテゴリー B

28

ランドシステムズ(以後GDLS)とAMゼネラルの企業連合、DRSテクノロジーズ、BAEシステムズとナビスター・ディフェンスの企業連合、ノースロップ・グラマンとオシュコシュの企業連合、ロッキード・マーチン、ブラックウォーターとレイセオンの企業連合の中から、「GDLS&AMゼネラル」、「BAE&ナビスター」、「ロッキード・マーチン」の3社が第一段階に勝ち進んだ。

この選定に漏れたボーイング、GDLS、AMゼネラルの企業連合とノースロップ・グラマン、オシュコシュの企業連合の2つのコングロマリットが選定不服の異議申し立てが起こされたが、2009年2月にこの申し立ては却下されている。

話をトライアルに戻すと、その後08年10月29日には前述の3社(GDLS&AMゼネラル、BAE&ナビスター、ロッキード・マーチン)から第二段階に進む企業としてBAE&ナビスターとロッキード・マーチンが選定され、現在はこの2社が最終トライアルのための試作車の作成を行っている状況となっている。

また2009年2月にはオーストラリアもこのプロジェクトに参加を表明したため、多

ロッキード・マーチンのJLTV　手前よりカテゴリーC、カテゴリーA、カテゴリーB

国間プロジェクトに発展しており、最近ではインドも興味を示しているという。

JLTVは現在、ペイロードと運用内容によって3つのカテゴリーに分けられており、さらに各カテゴリーの中で様々なバリエーションに枝分かれしていく形となっているが、総てのカテゴリー・タイプがC-130輸送機や、CH-47及びCH-53の各輸送ヘリで空輸できる車体サイズと重量に収まるように規定されている。

カテゴリーAはいちばん基本となるタイプで、兵士4名乗車で約1.6tの積載量を持ち、CH-47及びCH-53輸送ヘリコプターには1輌、C-130戦術輸送機では2輌が搭載可能なサイズと規定されている。

カテゴリーBは、約1.8～2.0tの積載量で、その分多用途に使える汎用性を持つように定められており、これによ

ロッキード・マーチンのJLTV カテゴリーB（上）カテゴリーA（下）

カテゴリーCは乗員は2名のみ、後部は完全なシェルター・タイプだが、2・3tのペイロードを持つ積載量が最も大きいというタイプである。このタイプはトラックと野戦救急車（3席＋担架4床）の2タイプが計画されている。ちなみにB及びCタイプでは、CH-47／-53の両輪送ヘリでは1輌、C-130戦術輸送機も1輌が搭載可能なサイズとされている。

現在運用されているハンヴィーのほとんどは最初のモデルではなく、1995年から調達が開始された能力向上型であるが、それでも導入から15年が経とうしており、車輛寿命を約20年と考えると2015年頃には後継車として採用する必要がある。なおアメリカ陸軍は新規のハンヴィーの調達をやめたため、近いうちに海兵隊や特殊作戦軍（USSOCM）も調達を打ち切ることは間違いない。

ちなみに2006〜07年までの間にはFTTS（Future Tactical Truck System：将来戦術支援車輛システム）と呼ばれる計画も存在した。こちらも一部ハンヴィーの更新車輛を開発するプロジェクトであったが、現在この計画は中断しており、JLTVではカテゴリーCの開発にあたり、その一部を引き継ぐ形としたため、FTTS計画の方は再開することはないと思われる。

り兵士6名を収容し偵察や警備などに供する軽装甲車タイプ、乗車する兵士を4名に減らし各種重火器を搭載する重火力タイプ、兵士は2名のみで後部の荷室を拡大したカーゴ・タイプ、通信要員4名が乗車する指揮通信タイプ、そして後部キャリアに担架（2床）と同乗者用のシート1席を確保したアンビュランス・タイプなどが計画されている。

データ

未発表

第2章
イギリス

サクソン (イギリス)

UNITED KINGDOM

大型なトラックシャーシに武骨な装甲車体を組み合わせたサクソンAPC

GKNディフェンス社（後にアルビス社と合併）が開発したAT105サクソン装甲車は、1975年に試作を開始し、1983年にイギリス軍に採用された警備・兵員輸送用の装甲車である。決してチャレンジャー戦車やウォリアー歩兵戦闘車とともに戦場を暴れ回る車輌ではなく、対テロ戦や暴動鎮圧用の警備・輸送装甲車として設計されている。

サクソンの外見は、ちょうど鉄の箱を4個の車輪の上に被せたような古めかしい姿をしている。事実、大型トラックのシャーシの上に、圧延鋼板の防弾車体を載せただけだと考えてよい。車体の前面はやや斜めにカットされており、右側に操縦室を配置し、三方に比較的広い視界の防弾ウインドが組み込まれている。基本となる兵員輸送型は、操縦席の背後に立派な車長用の四角いキューポラが突き出ており、各面にもヴィジョン・ブ

ヨルダン軍のサクソン特殊部隊（S. Kiyotani）

ロックがある。自衛用の武器はキューポラ部にマウントを介して7・62mm機関銃が搭載される。

車体の後半は兵員コンパートメントで、兵員各5人が左右に分かれて座る。車体後面には観音開き式の乗降用の大きなドア、車両両側面にもドアが設置されており、ドアには(ヴィジョン・ブロックとガン・ポートが設けられている。これは他の装甲車よりも、乗員の迅速な出入りを可能にするサクソン独特の設計といえよう。

車体は地雷対策として底面がV字型に成型されており、装甲は小銃弾や榴弾の破片の直撃から乗員を保護できる。足回りは調達コストを引き下げるため民間車輌のものが流用されており、エンジンはベドフォード製ディーゼル (160hp) を採用している。

イギリス陸軍はサクソンを600輌以上調達して、ドイツに派遣していたライン軍団や、アイルランドの治安維持戦などに活用したが、現在は退役している。

ヨルダンはイギリス軍を退役したサクソンを購入し、パワー・プラントをカミンズの5・8ℓディーゼル・エンジンに、ギアボックスをアリソン2000にそれぞれ換装した上で、車体後部に中国製のW86迫撃砲と、国産のターンテーブルおよび射撃システムを搭載した自走迫撃砲型を開発しているが、今のところ採用国は現れていない。また、イギリス軍を退役した車体の一部は、新生イラク陸軍に引き渡されている。

このほかの導入国では、香港警察に採用された車体は2009年をもって退役したが、マレーシア、ナイジェリア、ブルネイ、オマーンなどではいまだ現役として活躍している。

ヨルダンで開発している120mm自走迫撃砲型
(S. Kiyotani)

データ

戦闘重輌	11,660 kg
全長	5.169 m
全幅	2.489 m
全高	2.628 m
路上最大速度	96 km/h
路上航続距離	480 km
渡渉水深	1.12 m
転覆限界	36°
登坂力	60 %
主機関	ベドフォード製ディーゼル出力 160 hp
武装	7.62 mm 機関銃など
乗員	2名/兵員10名

タクティカ・ファミリー

(イギリス)

UNITED KINGDOM

タクティカ装甲車ファミリーは、軍用装甲車の運用が難しい都市部のパトロールなどを目的に開発された装甲車輛だ。基本車種にはキャブオーバー・バン型の装甲輸送車（4×4）と、オフロード4輪駆動車型の装甲パトロール車がある。また、爆発物処理車、VIP送迎車、救急車などのバリエーションも存在している。

タクティカの車体は民間乗用車のようなおとなしい外観をしているが、実際には独自に開発した高硬度防弾鋼板製セミモノコック・ボディで、7.62mm弾の直撃に対する防御能力を有している。装甲輸送車は、車体前部に操縦席と機関室があり、車体後部が兵員室となっている。民間車と変わらないほど広いフロントガラスは防弾型で、投石除けの金属ネットが張られている。

タクティカの側面には大型の防弾ガラス製の視察窓と銃眼が各4箇所ずつ設置されている。中の兵員はこれらの窓から外部の様子を監視するとともに、車内からの射撃も可能とされている。また車体中央のルーフ上にも、必要に応じて固定式キューポラ、あるいは旋回ターレットを搭載し、機関銃、催涙弾発射機、放水銃などの武器を備えることができる。

エンジンは、パーキンス社のターボディーゼル・エンジンの他に、採用国の都合に合わせてメルセデス社、ルノー社製のエンジンも選択できる。また空調装置、排煙装置、タイヤ空気圧調整装置、エンジン部消火装置が標準装備されている。

タクティカ・ファミリーはイギリス軍特殊部隊と警察、サウジアラビア、モーリシャスなどに採用されている。

タクティカのオフロード4輪駆動車型

バリエーションは豊富だが、タクティカの主用途はあくまで治安警備だ

データ （装甲輸送車型）

戦闘重量	10000 kg
全長	5.6 m
全幅	2.2 m
全高	2.35 m
路上最大速度	120 km/h
路上航続距離	650 km
転覆限界	30 %
登坂力	60 %
武装	7.62 mm 機関銃など
乗員	2名/兵員12名

フェレット/サラディン (イギリス)

UNITED KINGDOM

安価・堅牢・シンプル・小型軽量・軽快な偵察専用の装輪装甲車は、21世紀の軍事・治安維持作戦には不可欠なアイテムと言える。イギリスのダイムラー社が開発した4輪駆動スカウト装甲車フェレットは1952年に開発が開始されたベテランながら、その堅牢さと使い勝手の良さから、今も改修を受けながら現役を続けている。

防弾鋼板の全溶接構造の車体は、全長3・8mとジープ並みの大きさしかない。操縦手は車体前部に座り、車体の真ん中に旋回銃塔（7・62mm機関銃装備）と戦闘室、後部が機関室の配置になっている。しかし乗員を守る装甲板は、車体部が12mm、砲塔部が16mmもの厚みがあり、機関銃弾くらいではびくともしない。エンジンは、力のあるロールス・ロイス製直列6気筒水冷ガソリン・エンジン129hp）を搭載。アルビス社が1988年以降に改良したタイプでは、より良い。

発火の危険が少ないパーキンズ製ディーゼル・エンジン（109hp）に更新されている。総生産数はヨルダン、マレーシア、UAEなどへの輸出分を含め4,409輌にも達しており、ミャンマーやネパールなどで現在も運用されている。

フェレットと同じスカウト装甲車であるサラディンも、50年代に誕生したベテランだが、スリランカなどで現役に留まっている。

サラディンはフェレットより大型の6輪駆動車で、2人用砲塔に威力の大きな76mm砲L5を搭載している。サラディンもフェレット同様、輸出型では180hpディーゼル・エンジンと自動変速機が採用されており、機動力が向上している。

76mm砲を搭載し小数ながら現用中のサラディン

データ （フェレット）

戦闘重量	11,590 kg
全長	5.284 m
全幅	2.54 m
全高	2.39 m
出力重量比	14.66 hp/t
路上最大速度	72 km/h
路上航続距離	400 km
主機関	ロールス・ロイス製 B80Mk6A 8気筒ガソリン・エンジン出力 170 hp
トランスミッション	ダイムラー手動変速機
懸架方式	トーションバー
主武装	76 mm 砲
乗員	3名

未だに改修されながら現役にあるフェレット

フォックス

（イギリス）

ビッカース社が1972年に生産をスタートしたフォックス偵察装甲車は、車体の極小化、高速機動力、他の装甲車を凌駕する大火力の3点を実現したことで、長期に渡って使われる傑作となったと言える。

エンジンは、スポーツカー用に開発されたジャガーXK4、200cc水冷6気筒ガソリン・エンジン（190hp）の軍用タイプ（低速域トルク重視）J60を搭載し、5速手動変速機と組み合わせている。

サスペンションは、コイル・スプリングと緩衝器による4輪独立懸架で、頑丈な足回りを造っている。車体からはみ出すほど大きく、扁平な2人用砲塔には、30mmラーデン機関砲と同軸機関銃、発煙弾発射機、マルコニ製パッシブ暗視装置が備えられている。

フォックスは375輌が生産され、イギリス、ナイジェリア、マラウィに採用されており、ナイジェリアとマラウィでは現役に留まっている。

イギリス陸軍を退役した車体は一部が民間に払い下げられており、現在では貴重なエンジンを搭載していることもあって、コレクターからの人気も高い。

車体は、軽量化を図るため、当時としては画期的な防弾アルミニウムの全溶接構造を採用している。

操縦席は車体前部の真ん中に置き、中央に砲塔、後部に機関室を配置し無駄なスペースを理想的なまでに削っている。

ただし主要部には重機関銃弾の直撃に耐えるレベルの防弾力が付与さ

30mmラーデン機関砲を装備するフォックス装甲偵察車

データ

戦闘重量	6,120 kg
全長	5.08 m
全幅	2.134 m
全高	2.2 m
出力重量比	31 hp/t
路上最大速度	104 km/h
路上航続距離	434 km
主機関	ジャガー製XK6気筒J60 ガソリン・エンジン 出力190hp
トランスミッション	ダイムラー手動変速機
懸架方式	コイル・スプリング
主武装	30mm機関砲
乗員	3名

ベクターPPV

UNITED KINGDOM

（イギリス）

(Anachrone)

ベクターPPV（Protected Patrol Vehicle：防護パトロール車輌）はオーストリアのステアー・ダイムラー・プフ社が開発した軽輸送車輌ピンツガウアー輸送車をBAEシステムズが装甲化し誕生したものである。

BAEシステムズは装甲ランドローバーを補完するイギリス軍の装甲車輌緊急調達計画に伴い、この傑作車輌を装甲化する基本車体として着目し、計画開始から実車輌開発まで九か月という短期間で装甲化する事に成功し、2006年に試作車輌が納入されている。車体構造はトラックとして優れたピンツガウアーのキャブオーバー構造を踏襲し、操縦区画と後部荷台区画を装甲化した構造だ。

ベクターPPVの機動力は最高速度は105km/hと装甲重量により原型よりも20km/h低下しているが、登坂力60‰やいうピンツガウアーの山岳運用能力を残しており渡渉能力等は0.7mと原型の性能と遜色ない。

防御力は、明確な数字が示されていない。ただ、乗員区画では吊下げ型耐衝撃型座席の採用や衝撃吸収の施策が為されているものの、アフガニスタンでの第一線運用は早い時期に断念されたようだ。一方で簡易爆発物IEDに対してはアフガニスタンでの防御力を有さないことが問題視され、イギリス陸軍は2006年から2007年にかけて180輌のベクターPPVを調達しているものの、アフガニスタンでの第一線運用は早い時期に断念されたようだ。端的にいえば本車は要求された防御水準を満たせなかった訳で、大きなものでは至近距離で155mm級砲弾を管制爆破させるIEDへの防御の難しさを象徴する事例といえよう。

本車はPPV（防護パトロール車輌）という略称の通り警戒任務にあたる車輌である。基本は固有武装を装備しないが任務に応じて車体上部に簡単な機関銃座を搭載する。ただ、戦闘全般では乗員の小銃や軽機関銃による戦闘力に依存するものが大きい。

データ

戦闘重量	6,000 kg
全長	5.308 m
全幅	2.16 m
車体上高	2.44 m
出力重量比	17.88 hp/t
主機関	6気筒ディーゼルエンジン
同出力	107 hp
トランスミッション	前進4段後進1段自動変速
路上最高速度	105 km/h
路上航続距離	700 km
乗員	2+4 名

オクレット

（イギリス）

フォース・プロテクション社（現在はジェネラル・ダイナミクス・ランド・システムズ社傘下）のオクレットは英陸軍がアフガニスタンでのパトロールに必要な高い生存性を有したLPPV（Light Protected Patrol Vehicle）軽装甲車量調達プログラム）に応じるために開発された車体で、スパキャット社のSPV400の競合に勝って2010年に採用され、フォックスハウンドの名で2012年から導入された。

アフガニスタンやイラクでのパトロールでは当初、非装甲のランドローバーや装甲ランドローバーCVA-100などが使用されていたが、銃撃や地雷、IEDなどで大きな被害を出していた。英陸軍は既に大型の耐地雷・IED装甲車、マスティフなどを導入して

(S. Kiyotani)

いたが、大きすぎて特に市街地でのパトロールには不向きだった。このため英国防省は戦時緊急調達の一環としてLPPVの調達に踏み切った。

MRAP（エムラップ／Mine Resistant Ambush Protected Vehicle：耐地雷待ち伏せ防護車輌）の開発、製造で実績のあったフォース・プロテクション社は英国に子会社、フォース・プロテクション・ヨーロッパを設立し、英国の特殊車輌メーカーであるリカード社とチームを組んでオクレット（中南米に分布する夜行性の山猫）を開発した。

戦闘重量は7.5〜8.5tであるが、最大10tまでの重量の増加は見込んでいる。オクレットはモジュラー・システムを採用しており、モノコックのキャビン部分下部にはヒンジがあり、整備の際にはキャビン部分を左右に回転させたり、容易に取り外すことができる。

これにより、整備の際にエンジンルームや駆動系に容易にアクセスすることができ、整備性も向上している。

また、車体部が地雷やIEDなど

オープントップのパトロール型（右上）や装甲トラック、あるいは火器を搭載できるウェポンプラットホーム型（左上下）なども提案されている

整システムも装備が可能だ。

基本型であるパトロール型の場合、並列の運転席、車長席の後ろに4名が左右向かい合わせて座るレイアウトになっており、その後ろはストアスペースとなっている。装甲は軽量化のため防弾繊維とポリマーの複合装甲と、鋼鉄製装甲板のハイブリッド装甲を採用している。装甲は全周的にNATO規格のレベル2となっている。また増加装甲キットも用意されている。

キャビンはウェポン・プラット・フォーム型など他の派生型のモジュールに交換も可能となっている。モジュールの交換は30分ほどで可能である。

戦闘重量は7・5t。ペイロードは1・5tである。車体のサイズは全長5・3m全幅2・3m、全高2・1mとなっており、乗員はLPPVの場合2+4名である。

エンジンはシュタイアー社の3・2ℓのディーゼルエンジンを採用、ギアボックスはZF社の6HP28、6速オートマを採用している。最高速度は110km/hで、登坂力は60%、航続距離は600kmとなっている。

運転席の後方がフラットなピックアップ型やオープントップの特殊作戦用型なども提案されている。

によって破壊された場合、キャビンを予備の駆動系に移して使用することもできる。車体前部のエンジン・ルームは装甲化されており、車体下の駆動系はすべて装甲化されたV字型の構造で覆われている。

通常V字型の耐地雷構造を有すると車高とキャビンのフロアーは高く、キャビンスペースが狭くなるが、オクレットのキャビンのフロアは比較的低く広い。これがオクレットの大きな特徴でもある。

ランフラットタイヤは標準装備であり、オプションとして中央タイヤ圧調

データ

戦闘重量	7,500 kg
全長	5.4 m
全幅	2.1 m
車体上高	2.35 m
出力重量比	25.53 hp/t
主機関	シュタイアー 3.21 6気筒ディーゼル
同出力	214 hp
トランスミッション	ZF製6段オートマチック
路上最高速度	110 km/h
航続距離	600 km
乗員	2+4名

レンジャーPPV 6×6・8×8（イギリス）

UNITED KINDOM

レンジャーPPV（Protected Patrol Vehicle）はユニバーサルエンジニアリング社が開発した生存性と機動力の両立を図った耐地雷装甲車輌で、6×6型と8×8型が存在する2008年から開発が開始され、2010年にプレ・プロダクション用車輌が完成した。

車体構造は米軍のMRAPに代表される耐爆車輌の配置を踏襲し、車体前部に機関部を有し、その直後に操縦区画、車体中央部から後部にかけて人員輸送用箱型装甲区画を持つ。車内には人員のほか6tまでの貨物を搭載可能。汎用性が高い。

特徴的なのは8×8型で、車輪は前部に二輪を配置、離れた後部に六輪を集中する構造だ。車体上面に遠隔操作式銃搭を搭載し12・7mm重機関銃や最大で30mm機関砲等を運用する事が可能で、この他車体上面は外開型ハッチとなっていることから、ハッチを防盾とした乗車戦闘も可能だ。

機動力の面では、最高速度107km/hと航続距離1,000kmという戦術機動力に加え、停止状態から50km/hまでの加速が7秒以内とする戦術機動力の高さにも設計上の留意が払われている。戦略機動力はC-130J以上の輸送機に搭載可能とのこと。

防御力は本車最大の特徴といえるもので、車体前部の機関区画が大きく、更にその上面は大胆な傾斜装甲を採用した箱型構造の車体は、防弾鋼板のモノコック構造を採用した箱型構造の車体は、NATO防弾規格STANAG4569ではレベル4の防御力を有し、車体下で28kgの爆薬が炸裂した場合も乗員防護が可能で、NATO防弾規格STANAG4569ではレベル4の防御力を有し、車体前部の機関区画での155mm砲弾の炸裂での距離200mの14・5mm重機関銃弾の直撃や30m距離での155mm砲弾の炸裂から乗員を防護できる水準を意味する。側面装甲は増加装甲の装着を念頭に置いており、対戦車兵器からの車体防護を重視している。

哨戒用と兵員輸送用に加え、指揮通信車、装甲救急車、装甲輸送車、工兵装甲車、特殊作戦用等派生型も提案されている。

データ (6×6)

戦闘重量	19,000 kg
全長	7.2m
全幅	2.5m
車体上高	2.75 m
出力重量比	20 hp/t
主機関	MAN 540 hp ディーゼルエンジン
トランスミッション	ZF12 自動変速機
路上最高速度	118 km/h
路上航続距離	1,000 km
乗員	2+10 名

SPV400 (イギリス)

UNITED KINGDOM

スパキャット社のSPV400は英陸軍がアフガニスタンに投入するためのLPPV (Light Protected Patrol Vehicle) プログラムに答える形で開発された。最大の特徴はコンポジット装甲を多用することによって、軽量化を図ったことだ。車体はコンポジット・ポッドと呼ばれ、ほぼコンポジット製となっている。このコンポジット装甲はコンポジットコンポーネントのエキスパート、NPエアロスペース社が担当した。装甲はNATO規格でレベル3であり、戦闘重量は車7.5tである。ペイロードは最大2tとなっている。

車体下部はV字型の耐地雷構造の駆動系のコンポーネントが装着される。エンジン部分と前輪は車体前部に、後部駆動系は車体からできるだけ離すようにレイアウトされており、蝕雷に際しては爆風を左右前後に逃がす設計になっている。座席も耐地雷用のフローティングシートを採用しており、高い耐地雷・IED性能を有している。また車体左右には増加装甲の装着が可能である。

エンジンはカミンズ社製の4.5ℓの180hpのディーゼルエンジンを採用し、トランスミッションは6速オートマチックとなっている。サスペンションは独立式で、前輪がダブル・ウィッシュボーン、後輪がエアスプリングとなっている。

LPPV選定ではフォース・プロテクション社のオクレットと競合になったが、これに破れた。

派生型としてはオープントップで、ロールバーやウェポン・マウント・リングを装備した特殊部隊用の型、6×6のSPV600などが提案されている。

データ

戦闘重量	7,500 kg
全長	5.36 m
全幅	2.058 m
車体上高	2.565 m
出力重量比	24 hp/t
主機関	カミンズ社製4.5L4サイクルディーゼルエンジン
同出力	180 hp
トランスミッション	6段自動変速
路上最高速度	120 km/h
路上航続距離	600 km
乗員	2+4 名

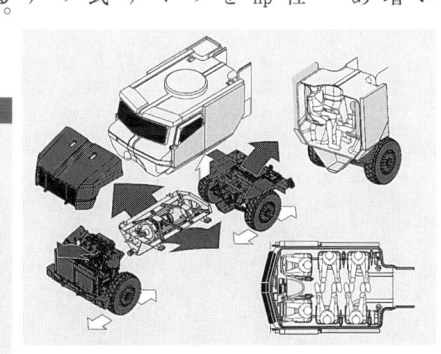

地雷の爆風を逃がす構造を採用

コヨーテ（イギリス）

UNITED KINGDOM

(S. Kiyotani)

スパキャット社のコヨーテの車体構造は四輪型のジャッカルを車体延長により六輪化した構造である。本車は、乗員を大型化により3名から4名とした ジャッカル2をさらに大型化させ、輸送能力の付与により、長期のパトロールを可能とした車輌だ。

ジャッカル2の派生型としてエクステンダという四輪の車体の後部に2輪のモジュールを加えて6輪化できるモデルが存在するが、コヨーテは六輪型を基本として設計された。

コヨーテの構造は、開放型戦闘室を有し、車体前半部の前方に車輪と後方に機関部、後方に四輪を備え、車体底部をV字型とし、耐爆構造に重点を置きつつ、重心を極力低く抑え転覆限界に留意した車輌だ。

本車の攻撃力は、操縦区画助手席部分に7・62mm機関銃を搭載し、車体中央部に12・7mm重機関銃もしくは40mm擲弾銃を搭載する。開放型戦闘室であるため、人間の索敵能力を最大限発揮できるほか、携帯火器による乗車戦闘能力も高い。ペイロードは最大3・9tまでの装備品を搭載可能で、長期間の哨戒任務や迫撃砲や対戦車ミサイルの運搬にも用いることが出来型式銃塔を搭載する事は考えられておらず、高価な火器管制装置や管制式銃塔を搭載する事は考えられておらず、搭載装備から分かるように高価な火器管制装置や機関銃の射程内を上限とした戦闘、即ち非対称型の戦いもしくは特殊作戦以外には対応が難しい攻撃力でもある。

機動力から本車を見た場合、耐爆性能を重視した高い車高が不安要素だが、実際には登坂力は最大60‰、不整地突破能力は

最大ペーロードは3.9tと大きい

42

高い水準で要求されている。これは路上最高速度120km/hに加え不整地最高速度が89km/hを発揮可能という数字にも表れており、2輪駆動と4輪駆動選択も可能。搭載燃料により700kmの機動が可能であるほか、車体後部には燃料缶を多数搭載するのが標準的運用のようだ。

コヨーテは、ジャッカルと同じく開放型装甲車の構造を採っている。しかし、乗員区画は各種脅威から防護されており、榴弾の空中炸裂と市街地戦闘での上層建築物からの射撃に対しては脆弱性を有しているものの、本車が運用される砂漠地域や山間部での治安作戦等に対し、最大の防御力を付与しており、上面の開放型戦闘室は逆に素早い応戦能力を防御力の一部に代えている乗車戦闘重視の装甲車といえるやもしれない。

本車の装甲防御は、対地雷用と対水平射撃用に大きく区分されている。対地雷用装甲は、車体駆動系及び機関部と乗員区画及び輸送区画との境界に配されている。この装甲部分下部にある駆動系と機関部は、その底部をV字型としているため、この形状だけでも地雷爆発時の爆風を反らす効果が期待できるものの、これを貫徹して乗員区画に迫る致命的な爆風及び破片から乗員を防護するのがこの装甲だ。水平射撃用対処用装甲は、乗員区画の周辺を覆うように設置されている。いずれもコンポジット装甲板が多用され軽量化に貢献しているいる。基本型では後部の輸送区画に装甲は無く、装備品のほかに人員輸送を行う場合には追加装甲が必要となる。この他、乗員用の四座席は防爆型座席となっており、破片等の貫徹からの防護は勿論、爆発時の反動から乗員の頚椎損傷を防止する衝撃吸収構造が採用されており、乗員保護は最大限確保した設計だ。

本車はイギリス陸軍が2009年に発注した装甲車緊急調達プログラムにより生産され、この計画ではジャッカル2が110輌とコヨーテ70輌が7,400万ポンドで取得された。派生型として密閉戦闘室型も提案されている。

アフガンで作戦中のコヨーテ（上）
原型となったジャッカル2（下）（S. Kiyotani）

データ

戦闘重量	10,500 kg
全長	7.04 m
全幅	2.05 m
車体上高	1.885 m
出力重量比	17.14 hp/t
主機関	カミンズ社製 6.7L ディーゼルエンジン
同出力	180 hp
トランスミッション	5段式自動変速
路上最高速度	120 km/h
路上航続距離	700 km
乗員	4名

HMEE装甲工兵車

UNITED KINGDOM

（イギリス）

JCB社のHMEEは装輪装甲車部隊など路上を高機動で展開する部隊向けの機動工兵車輌だ。装輪装甲車には排土板などを搭載する工兵型が派生型として開発されるが、専用の工兵車輌と比較すればその障害突破能力や陣地構築能力には限界があり、本車には一定の需要はあった。

本車はイギリスのJCB社製150M全般支援牽引車輌を原型としており、同車は大きな牽引能力と共に高い路上速度を特色としている。

本車の構造は前部にバケットとボンネット方式の車体、車体中央部にキャビンを置き、後部にショベルを搭載しており、一見通常の建設機械と同様だが路上最高速度は100km/hに達する。

HMEEの任務は高速度で前進する装輪装甲車部隊に随伴し、併せて高度な工兵による障害突破能力を付与する事にある。その手段はエクスカベータバケットにより行い、これは中央部で可動し堤掘削と排土板用途で障害突破作業が可能で、ショベル部分は最深4mまでの掘削と2tまでのつり上げが可能、必

非装甲型のHMEE

44

要に応じてバックホー等のアタッチメントへ換装が可能だ。

機動力は本車最大の特色で、100km/hの速度を発揮でき、この種の車輌としては民間建機を含め世界最速だ。JCB社独自の前進36段後進12段方式多段式変速機により泥濘地などの軟弱地形や積雪地での最適回転率を発揮できる構造で、四輪駆動ではあるが不整地突破能力は高い。また、C-130H輸送機等戦術輸送機による空輸展開能力も有する。

原型は防御力を有さない装備として提示された。しかし、米軍の採用に際し、高機動力を有する工兵車輌では不十分との要求からキャビン部分には装甲が付与されることとなり、簡易爆発物IEDや砲弾片、7.62mm弾に対する防御力が付与された。

こうした性能により本車は、米軍へ800輌と多数が採用されたほかスウェーデン軍やニュージーランド軍へも少数が採用、英軍でも配備が検討され評価試験が進められている。

データ （装甲型）

戦闘重量	17,500 kg
全長	9.39 m
全幅	2.44 m
車体上高	3.89 m
主機関	カミンズ ISB 6.7L ディーゼルエンジン
同出力	200 hp
トランスミッション	ZF6WG160 前進6段後進2段
路上最高速度	88 km/h 以上
乗員	2名

CAV-100 (イギリス)

UNITED KINGDOM

(S. Kiyotani)

NPエアロスペース社のCAV-100、通称スナッチはランドローバー・ディフェンダー110に装甲を施した車輌で、1991年にイギリス陸軍の警備用車輌として導入された。

元々は北アイルランド警備用であり、イラクやアフガンへも派遣された。本格的な野戦運用を行うには能力が不十分であるが、警備任務や連絡任務に多数が運用されているランドローバー野戦車輌の汎用性を損なわない範囲内で、必要最小限の防御力を付与し、一定の競合地域等における運用能力を与える事に成功した。

本車は戦闘車輌ではなく、標準装備の武装は無い。ただ、警備用車輌や警察用車輌には車体上部に防弾ガラス板を四方に配置したものがあり、必要とされるのならばこの位置に7.62mm機銃程度は装着できよう。他方で、後部を装甲キャビンにより覆ったため、対戦車ミサイルなどの搭載は行うことが出来ない。

機動力の面では、元々高い機動力を有するランドローバーシリーズであるため、装甲重量2.3tの増大に対し、その低下は僅かという。

防御力であるが、ポリカーボネイトとセラミックやアラミド繊維などの多用により、通常の防弾鋼板よりも二割程度軽い防弾材が採用され、5.56mm小銃弾程度には完全防弾構造で、部分的に7.62mm弾への耐弾性能を有している。一方、一定規模の爆発からも乗員防護が考慮され、燃料タンクなどには火災防止措置が盛り込まれている。ただ、対戦車火器や路肩爆弾に対する防御力は元々想定しておらず、これは本車の運用が路肩爆弾などの多用される今日以前の発想で設計されているからに他ならない。

イギリス軍へ約1,000輌分の改修キットが納入されたほか、警察用に加え外務省の紛争地域要員輸送用や国連難民高等弁務官事務所などにも配備された。

データ

戦闘重量	4,050 kg
全長	4.55 m
全幅	1.79 m
車体上高	2.03 m
出力重量比	37 hp/t
主機関	ランドローバー 300 Tdi
同出力	111 hp
トランスミッション	前進4段後進1段
路上最高速度	97 km/h
路上航続距離	510 km
乗員	1+7名

第3章
フランス

M3／バッファロー／VCR (フランス)

輸出市場で成功したM3

小型装甲車輌を得意とするパナール社が、プライベート・ベンチャーとして開発したAPC（装甲兵員輸送車）がM3である。フランス陸軍は採用しておらず、完全な輸出向け車輛で、アルジェリア、チャド、マレーシアなど世界21ヵ国に1,000輛以上が採用されている。

乗員の乗下車は車体両側に設けられた前方に開く扉から行なう。また車体後部にある2つの扉から、車体上面両側にも3つのハッチがそれぞれ設けられており、ここから兵員が上半身を出して射撃することもできるようになっている。車体上面には7.62mm機関銃塔が装備されている

アイルランド軍で使われているM3装甲兵員輸送車

が、この機銃塔を外して12.7mmおよび7.62mm機関銃を装着することも可能である。バリエーションのひとつには、この部分に対空機関砲を装備したものもあり、M3/VDA連装20mm自走対空システムと呼ばれている。M3には先に述べた自走対空システムの他、回収車型のVA T、指揮車型のVPC、野戦救急車型のVTSといったさまざまな派生型が存在する。

改良型バッファローAPC

このM3装甲車の改良型がバッファロー装甲兵員輸送車で、やはりパナール社のプライベート・ベンチャーとして開発されたものである。

主な改良点はM3で採用されていた出力90hpのパナール・モデル4HD4気筒空冷ガソリン・エンジンを、出力145hpプジョーV-6ガソリン・エンジンに換装したことと、ホイールベースを延長して車体外側に収納スペースが設けられたことで、エンジンには出力95hpのプジョー製ディーゼルを選択することも可能とされていた。

バッファローのセールスはM3の採用国を中心に行なわれたが、ベニンがコマンド・ポストとして1輛、ルワンダが18輛、そしてコロンビアが警察用として若干採用したのみで、あまり成功したとは言い難い結果となった。

M3に次ぐ成功作となったVCRシリーズ

M3のコンセプトをもとに、6×6の装甲車輛として開発さ

れたのがVCRシリーズだ。外観的にはM3やバッファローに似ており、これもやはり輸出向けのプライベート・ベンチャーとして開発された車輛である。

装甲兵員輸送タイプのVCR/TTは後部兵員室に9名の人員を収容することが可能で、全溶接鋼板の車体は小火器レベルの攻撃に対して抗堪性がある他、地雷対策として車体底部がV字型となっている。

駆動系統のコンポーネントには、一部AMLやM3のものが流用されている。前輪と後輪の懸架方式ではシングル・コイルスプリングが取り付けられており、中央輪は路上走行時には引き上げて、4輪での走行も可能となっている。VCRには車体上

M3の改良型だが輸出にはあまり成功しなかったバッファロー

面にHOT対戦車ミサイルを収容したUTM-800発射機を装備した戦車駆逐車型や、回収車タイプのVCR/AT、RBS70対空ミサイルを装備した自走対空システムのVCR/AA、指揮車タイプのVCR/PCといったバリエーションがあり、またアルゼンチン向けとして、ウォーター・ジェットを装備して浮航能力を強化した4×4型も開発されている。

VCRシリーズは前述したアルゼンチンやイラク、メキシコそしてアラブ首長国連邦に採用されており、200輛程度が生産されている。

データ（M3）

戦闘重量	6,100kg
全長	4.45m
全幅	2.4m
全高	2m
底面高	0.35m
出力重量比	14.75hp/t
路上最大速度	90km/h
路上航続距離	600km
渡渉水深	浮航
超堤高	0.3m
超壕幅	0.8m
登坂力	60%
転覆限界	30%
接近／直進角	68°／50°
旋回半径	6.55m
主機関	パナール・モデル4HD 4気筒空冷ガソリン
出力	90hp
ギアボックス	前進6速・後進1速
トランスミッション	マニュアル
懸架方式	独立式コイル・スプリングおよび油気圧式ショック・アブソーバー
主武装	各種
乗員	2+10名

VBCI

（フランス）

FRANCE

VBCI（Véhicule Blindé de Combat d'Infanterie）はフランス陸軍が長年運用してきた、VABとAMX-10Pの後継として開発された8×8の装輪装甲車だ。

開発はGIAT社（現ネクセター社）とルノー社（ルノー・トラック社）によって設立されたサトリMV社によって進められていたが、後にネクセター社が主契約社、ルノー・トラック社が副契約社となる形に変更されている。

2003年に歩兵戦闘車型54輌（うち12輌がバッチ分として、歩兵戦闘車型91輌、指揮車輌7輌が発注されることとなった。

VBCIのデザインは、GIAT社が自社資金で開発した技術実証デモンストレーターであるベクストラのものが、ほぼそのまま流用されている。車体はアルミニウムの全溶接構造で、小銃弾の直撃に耐える程度の防御力しか持たないが、VBCIはモジュラー装甲を採用しており、チタン合金をスチールで挟み込んだ装甲モジュールを装着すれば、14.5mm弾の直撃に耐えることができると言われている。また、モジュラー装甲の採用により、破損した場合でも前線での交換が容易に行なえる。

は対戦車型）と指揮通信車型11輌が第1バッチ分として発注され、2004年5月にプロトタイプ2輌が完成。2005年半ばからは歩兵戦闘車型4輌、指揮通信車型1輌の試作車を使ってフランス軍による運用試験が開始された。その後2007年9月半ばまでに5万kmの走行試験や、実戦への投入を含めた各種試験が行なわれ、その結果2007年10月に第2指揮車輌26輌の計11

VBCIはフランス陸軍の新型装輪ICVだ

駆動系はルノー・トラック・ディフェンス社が担当

パワー・プラントはルノー社製の550hpディーゼル・エンジンを採用しており、戦闘重量が28tという大柄な車体にもかかわらず、路上最大速度は100km/hに達する。サスペンションは油気圧式独立懸架方式を採用しており、前輪4輪で操行を行なう。サスペンションとトランスミッションは装甲ハウジングで覆われており、地雷の爆風を緩衝することができる。通常の状態で水深1.2m、準備能力は付与されていないが、浮航を行なえば水深1.5mの渡渉は可能とされている。

車体の前方右側にはエンジン、左側には操縦席が設けられており、その後方にペイロードスペースが設けられている。VBCIのモジュラー装甲の採用には、ペイロードスペースを大きく確保するという理由もあり、その甲斐あって13㎥のスペースを確保している。車体の固有乗員は操縦手と砲手の2名で、そのほか砲塔前のコマンダー・ステーションに1名、ペイロードスペースに8名の兵員が搭乗する。

基本型のVBCIはM811 25mm機関砲と7.62mm同軸機関銃を備えた、ドラガー砲塔を装備している。25mm機関砲は スタビライザーにより安定化されており、発射速度は毎分125発または400発を選択できるほか、単発、3連バースト、10連バーストモードも備えられている。この種の車輌の機関砲

リモート・ウェポン・ステーションを搭載したAPC型も提案されている

他の国のICVに較べコンパクトな1名用砲塔を採用している

アフガニスタンではキネティック社のネットアーマーを装着している

塔は通常2人用だが、ドラガー砲塔は1人用で、マルチセンサー・サイトを用いて精密な射撃を行なうことができる。また、砲塔内だけでなく、車内のコマンダー・ステーションからの遠隔操作も可能だ。

通常対戦車ミサイルの発射機は装備されていないが、車内に下車歩兵用のエリックス対戦車ミサイルのラックが備えられているほか、車載発射機のキットを装着すれば車内からの発射も可能となっている。またVBCIは防御装置も充実しており、スモーク・ディスチャージャーに加え、赤外線デコイも装備されている。

VBCIの最大の特徴と言えるのは、バトル・マネジメント・システムを搭載していることだろう。ネクセター社とEADSエレクトリック・システムズ社が共同で開発したこのシステムは、ルクレール戦車に搭載されているFINDERシステムをベースにしており、VBCI同士はもちろんのこと、上級司令部や随伴するルクレール戦車などとも戦術情報の共有が可能となっている。フランス陸軍は基本形であるVBCIのほか、指揮通信車型のVPCも採用している。

VPCはVBIIよりも高位な、連隊レベルのバトル・マネジメント・システムであるSIT (Systeme d'infomation terminal) の端末を装備しており、端末とそのオペレーターのスペースを確保するためにドラガー砲塔が外されており、武装は自衛用の12.7mm機関銃のみとなっている。

Nexter社は輸出用として主砲を40mmケース・テレスコピック弾火器システムに変更した歩兵戦闘車バージョンや、80mm自走迫撃砲、120mm低反動砲を装備した戦車駆逐車型な

BVCIは新歩兵システムFELINのプラットフォームとして使用される

　どもを提案しているが、いずれも試作の段階に進んでおらず、APC型のVBCI VTTのみが試作の段階に進み、2010年のユーロサトリで発表されている。
　VBCI VTTはVPCと同様、ドラガー砲塔は装備しておらず、代わりに12.7mm機銃を搭載したリモコン・ウェポン・ステーションを装備している。最大の特徴は防御力の強化で、ラーグ社製の増加装甲ブロックと、ネクセター社製のスラット・アーマーを装備している。車輌固有の乗員は2名で、ほかに10名の兵員の収容が可能とされている。
　現時点でVBCIシリーズを採用しているのはフランスのみで、VBCIとVPC合わせて670輌が発注されている。イギリスとスウェーデンに対しても売り込みが行なわれたが採用されなかった。スペインにもVBR8×8の名称で提案されており、スペイン陸軍は興味を示しているようだが、経済危機の影響で先行きは不透明な状況にある。
　VBCIは他国の同種車輌に比べて先進的な車輌だが、それ故に価格も高く、またルクレールで露呈したように、厚い兵站システムを持たないと運用が難しく、輸出市場で成功を収めるのは容易でないと思われる。

データ　（VBCI）

戦闘重量	28,000 kg（最大時）
全長	7.80 m
全幅	2.98 m
全高	2.26 m
路上最大速度	100 km/h
路上航続距離	750 km
主機関	ルノー製ディーゼル
出力	550 hp
トランスミッション	オートマチック
主武装	M811 25 mm 機関砲×1、7.62 mm 機銃×1
乗員	2+9名

AMX-10RC （フランス）

AMX-10RLは強力な105mm砲を搭載している

フランス陸軍のEBR8×8装甲車と、AMX-13軽戦車の後継車輛として、1970年から開発が始められたのがAMX-10RCである。

ジアット社（現ネクセター社）による開発は順調に進み、1971年6月には3輛の試作車体が完成し、その後行なわれた試験の結果満足したフランス陸軍は、1976年に総計525輛のAMX-10RCを発注したが、最終的には337輛が緊急展開部隊や歩兵師団の騎兵連隊に引き渡されることになった。

フランス陸軍への配備が完了したのは、1994年であった。AMX-10RCの車体はアルミニウム合金の溶接構造で、小火器の弾丸や砲弾の破片などには充分な防御力を持っているが、1991年の湾岸戦争時には、装甲防御力をより高めるために追加装甲が装着された。この追加装甲は、その後の国際紛争で同軍が派遣される場合にもほとんど装着されている。

エンジンには出力260hpのルノーHS115ディーゼルが採用されたが、1983年に280hpのボードワン6F11SRXディーゼルに換装されている。この換装はフランス陸軍の総てのAMX-10RCに対して実施され、1995年に完了している。

AMX-10RCにはその後もベトロニクスの更新や、NATO共通弾を使用できる砲身への換装といった改良が施されており、また2010年にはバトル・マネジメント・システムや、ルクレール戦車と同じスモーク・ディスチャージャー「ガリックス」などを装備する、近代化改良計画が発表されている。駆動系統には、装軌式のAMX-10Pのコンポーネントと同

54

砲塔を後方に旋回したAMX-10RC。各部に追加装甲が装着されている

MBT並みの戦闘能力

AMX-10RCの最大の特徴は、装輪式偵察車輌としては極めて強力な攻撃力を持つことである。

主砲の48口径105mmライフル砲もさることながら、AMX-10RCの攻撃力の高さはCOTAC射撃統制装置や、400～10,000mの距離で誤差±5mの能力を持つレーザー測距装置の装備、そして夜間交戦能力を与えるトムソンCSF社製DIVT13低光量TVの採用といったFCSを構成するシステムによって、支えられていることを忘れてはならないだろう。

強力な火力と装輪による高い機動性、そして工夫された足回りから、AMX-10RCはフランス陸軍以外にもモロッコ陸軍に108輌、カタール陸軍に12輌採用されている。

同様のものが用いられている。このためAMX-10RCの操向方式には、装軌式車輌のように片側の車輪の回転速度を落とすことで旋回するスキッド・ステアリング方式が採用されている。懸架装置には連成一体型の油気圧式が採用されており、路面の状態に合わせて底面高を0.2～0.6mにまで変えることができる（通常は0.35m）。スキッド・ステアリング方式により、車体をコンパクトに抑えられるという長所がある反面、タイヤの消耗が激しいという欠点もある。

データ

戦闘重量	15,880 kg
全長	9.15 m
車体長	6.357 m
全幅	2.95 m
全高	2.66 m
底面高	0.35 m (0.2～0.6 m)
出力重量比	16.45 hp/t
路上最大速度	85 km/h
路上航続距離	1,000km
渡渉水深	浮上航行
超堤高	0.8 m
超壕幅	1.65 m
登坂力	50 %
転覆限界	30 %
主機関	6F11SRX ディーゼル
出力	280 hp
ギアボックス	前進4速・後進4速
トランスミッション	プリセレクティブ
懸架装置	油気圧式
主武装	105 mm F2ライフル砲×1
副武装	7.62 mm 機銃×2（同軸および対空）
弾薬搭載数	105 mm 砲弾38発／7.62 mm 機銃弾4,000発／発煙弾16発
乗員	4名

ERC90サゲー／リンクス

FRANCE（フランス）

2008年に発表された装甲等が強化されたERC90NG

チャド軍に採用されたERC90F1リンクス

ERC-90は、もともとパナール社が海外市場をターゲットにプライベート・ベンチャーとして開発した偵察装甲車輌で、1975年から開発が始められた。

最初に公表されたのは1977年のサトリ軍用装備展示会で、その2年後には初期生産が開始された。フランス陸軍も1978～1980年にかけて評価試験を行ない、90mm砲を装備したERC90F4サゲーが使用された。

ERC-90は1984年から1990年にかけて192輌がフランスの海兵隊や空挺部隊に引き渡されており、この他、派生型として20mm連装機関砲を装備したERC20がガボンで採用されたほか、そして砲塔をイスパノ・スイザ社製のものに換えたERC90F1リンクスがアルゼンチン、チャド、メキシコで採用されるなどヒット作となり、合計391輌が生産されている。

VCR装甲車と駆動系パーツを共用

ERC-90の特徴のひとつは、パナール社がフランス陸軍向

長砲身のERC90サゲー2

けに開発したものの、トライアルでVABに敗れ、後にイラクなどへ輸出されたVCR装甲車の駆動系統が用いられていることである。ただし、ERCのジアット社（現ネクセター社）製のTS90砲塔が採用されたタイプは、砲塔バスケットの関係からホイールベースが異なっている。

ERC-90の車体は溶接鋼板で、小火器の弾丸に対する抗堪性を持ち、また浮航能力もNBC防護能力も兼ね備えている。

パワー・プラントにはプジョーV6ガソリン・エンジンが採用され、動力はパナール社のカム・タイプのスリップ・ディファレンシャルによって車体両側の車輪に伝達される仕組みだ。

また路上での高速性が考慮された結果、舗装路では中央部の左右両輪を必要に応じて持ち上げる機構が採用されている。この機構は4×4と6×6の利点を必要なときに発揮させるだけでなく、燃費効率の向上にも一役買っている。

ERC-90からは砲塔をTTB190に、エンジンをプジョーXD3Tターボチャージド・ディーゼル2機に換装したERC90サゲー2、主砲を長砲身化してAPFSDS弾の発射を可能にしたERC90F4、さらには自走追撃砲型のEMC91といったバリエーションが開発されている。

データ（ERC-90）

戦闘重量	8,300 kg
全長	7.693 m
車体長	5.098 m
全幅	2.495 m
全高	2.254 m
底面高	0.294 m（路上）
出力重量比	17.5hp/t
路上最大速度	95 km/h
路上航続距離	700 km
渡渉水深	1.2 m
超堤高	0.8 m
超壕幅	1.1 m
登坂力	60 %
転輪限界	30 %
接近/直進角	48°/45°
主機関	プジョーV6ガソリン
出力	155 hp
ギアボックス	前進6・後進1
クラッチ	油圧式ディスク
懸架装置	コイル・スプリング（前後輪）および油圧式（中央輪）
主武装	90 mmF1 ライフル砲×1
副武装	7.62 mm 機銃×2（同軸および対空）
乗員	3 名

PKOに参加するERC90サゲー

VAB

FRANCE

（フランス）

低コストで多用途性に優れた装輪装甲車

フランス陸軍が行くところ、どこでもその姿を目にすることができる主力装輪装甲車がVABである。

VABはフランス陸軍の前線で使用できる、簡便性に優れた低コスト装甲車の要求に合わせて、1970年代初期にルノー社が開発したものである。もともとフランス陸軍は、装甲兵員輸送車としてAMX-10Pを1960年代に開発していたが、装軌式のAMX-10Pは高コストであり、大量調達に向いていなかったという経緯がある。このため、安価な装輪装甲車の必要性が高まったのである。

フランス陸軍は低コスト装甲車を「前線装甲車（Vehicule de l'Avant Blinde＝VAB）」と名付け、パナール社とルノー社の試作車輌によるトライアルを行ない、最終的にルノー社のものが選ばれることになった。

（S. Kiyotani）

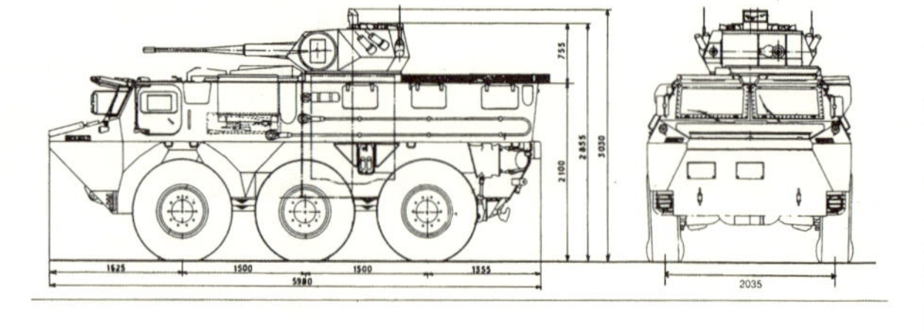

現代の多用途装輪装甲車の基礎を確立

VABは基本の装輪4×4の他に6×6のものもあるが、設計上の相違はほとんどない。車体は全溶接鋼板構造で、小火器

自走81mm迫撃砲型VAB VPM81 ２面図

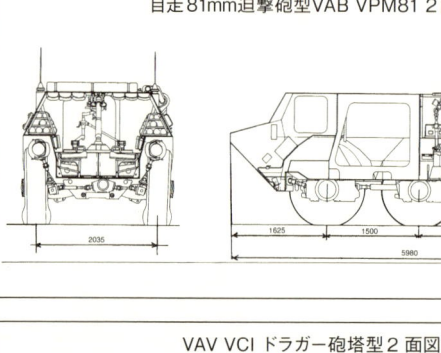

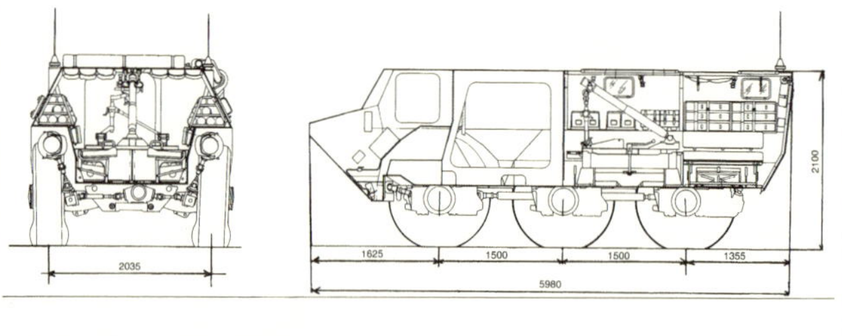

VAV VCI ドラガー砲塔型２面図

58

や砲弾の破片に対しては充分な防禦能力を有している。操縦席は通常の自動車と同様、2人が並列で位置する形式であり、左側に操縦手、右側に車長が座る。フロント・ガラスは1枚ではなく分割されており、おのおのの上に開く防弾用鋼板が設けられている。

後部兵員室には、4×4型も6×6型も共に10名を収容することができ、乗下車は車体後部に設置された観音開きのドアから行なわれる。

エンジンには出力220hpのMAND2356HM726気筒ディーゼルが選ばれたが、6×6型は1980年代前半に320hpのルノーMIDS06-20-45ターボチャージド・ディーゼルに換装されている。トランスミッションは半自動式で、操向性能はかなり高い。懸架方式もトーションバーにテレスコピック・ダンパーが組み合わされ、野外走破性も満足なものとなっている。この他、空気圧調整機能を持ったミシュラン社製ラン・フラット・タイヤの

アフガン戦用に対RPG用の装甲を施したタイプ（S. Kiyotani）

採用や、ウォーター・ジェットによる水上航行性（71km/h）など、この種の装輪装甲車に必要な要素は全て備えている。

VABには今日からすれば特筆すべき点はあまり見られないが、逆に言えば手堅い設計であり、これがVABの最大の特徴であり、その手堅い設計ゆえにVABからは数多くのバリエーション車輌が開発されている。

VABはフランス陸軍に、含めて34種類のサブタイプを導入された他、空軍や国家憲兵隊にも採用されており、現在も大規模オーバーホールを施された車体が、多数現役として活躍している。

また、中東諸国を中心に多くの国で採用されており、総生産数は5,000輌近くに達している。このため実戦への投入歴も多く、アフガニスタン、旧ユーゴスラビア、チャドなどで実戦を経験している。

データ（4×4APC型）	
戦闘重量	13,000 kg
全長	5.98 m
全幅	2.49 m
全高	2.06 m
底面高	0.4 m
出力重量比	16.92 hp/t
路上最大速度	92 km/h
路上航続距離	1,000km
渡渉水深	浮航
超堤高	0.6 m
登坂力	60%
転覆限界	35%
接近/発進角	45°/45°
旋回半径	9m
主機関	ルノー MIDS 06-20-45 直列6気筒ディーゼル
出力	220 hp
ギアボックス	前進5速・後進1速
懸架方式	独立式トーションバーおよびテレスコピック・ショック・アブソーバー
主武装	各種
副武装	各種
乗員	2+10名

VAB Mk Ⅱ／Mk Ⅲ

FRANCE

（フランス）

レベル4の高い防御力を誇るMk.Ⅱ

Mk.Ⅱは高い耐地雷防御力も有している

ルノー社（現ルノー・トラック・ディフェンス社）が開発したVAB（Vehicule de l'Avant Blinde）は、現在までに5,000輌近くが生産されたベストセラー装輪装甲車だが、既に開発から40年以上が経過しており、後に開発された同種の車輌と比べれば、防御力などの面で見劣りする感があることは否めなかった。そこでルノー・トラック・ディフェンス社は、VABのコンセプトを踏襲した、新世代のVABとでも言うべきMk.Ⅱを開発して、2010年のユーロサトリで発表することとなった。

Mk.ⅡはVABと同じく4×4、6×6の2つのタイプが開発されているが、車体やパワー・プラントなどは共通のものを使用している。モノコック構造の車体はNATOの装甲車輌の共通防御規格である、STANAG4569のレベル4を充たしており、14・5mm弾の直撃、30m離れた位置で爆発した15.5mm榴弾の弾片、炸薬量10kgの地雷の爆風に耐えることができる。また、地雷対策として、車内のシートはすべてフローティング・シートが採用されている。

60

パワー・プラントはルノーDXi7ディーゼルエンジン（320hp）を採用しており、4×4、6×6ともVABに比べて3t近く重くなっているにもかかわらず、路上最大速度は105km/hに向上している。

武装はユーザーの要望に応じて選択可能だが、ユーロサトリに展示されていた車体には、4×4型が12.7mm機銃、6×6型が20mm機銃のリモコン・ウェポン・ステーションが搭載されていた。またNBC防御装置やエアコンなどもオプションで装備が可能とされている。

オリジナルのVABに比べて大きく能力が向上したMk.IIだが導入国は現れず、そこでルノー・トラック・ディフェンス社は、Mk.IIよりも更に能力の高いMk.IIIを開発し、2012年のユーロサトリで発表している。

Mk.IIIもMk.IIと同様、車体は新規に設計されているが、4×4タイプは開発されていない。防御力はMk.IIと同じSTANAG 4569のレベル4だが、車体の重量はさらに重く、6×6タイプの戦闘重量は20t（Mk.IIの6×6は17・2t）に達している。ただしパワー・プラントはMk.IIと同じDX-i7ながら、340hpまたは400hpのタイプも選択可能とされており、路上最大速度はMk.IIと同じレベルを維持している。ただし最大航続距離はMk.IIの1,000kmに対し890kmに、登坂力も60％から47％にそれぞれ低下している。

車内のレイアウトはMk.IIを踏襲しており、収容人員も10名と変わらない。またMk.IIIとも、オリジナルのVAB と同様、浮航能力が付与されている。

現在メーカーのルノー・トラック・ディフェンス社のサイトにMk.IIは紹介されておらず、今後はVABの買い替え受注を狙って、Mk.IIIをセールスしていくものと思われる。

Mk.IIIは車内に光ファイバーによるネットワークとIPインターフェースを完備している　（上下ともS. Kiyotani）

データ（Mk.III 6×6型）

戦闘重量	20,000 kg
全長	6.7 m
全幅	2.55 m
全高	2.2 m
路上最大速度	105 km/h
路上航続距離	890 km
主機関	ルノーDXi7 6気筒ディーゼル・エンジン
出力	320 hp（340 hpまたは400 hpも選択可能）
乗員	2 (+10) 名

VBL

（フランス）

1978年、フランス陸軍は対戦車戦闘任務と連絡／偵察任務をこなせる重量3,500kg以下の小型装甲車輌の調達を計画した。

VBLのコンセプトは装甲化されたジープだ

このフランス陸軍の要求を受けて、パナール社を含めた5社が研究を開始したが、この中からルノー社とパナール社が選ばれることになった。そしてプロトタイプを用いた評価試験の結果、1985年2月にパナール社のVBL（Vehicule Blinde Leger）が正式に採用されることになったのである。その後、6～10月までに15輌のVBLがフランス陸軍に引き渡され、現在までに1,600輌以上が部隊に配備されている。

アフガンで作戦中のフランス陸軍のVBL

の場合、車体が全溶接構造の装甲鋼板で構成されているため防禦能力も高く、ある程度の積極的な交戦も行なえる。足回りにも工夫が凝らされており、タイヤがパンクしても低速（30～50km/h）ならば走行が可能な他、浮航性も有している。この浮航時には車体後部に取り付けられているスクリューが推進器となる。エンジンには出力105hpのプジョーXD3T 4気筒ターボ・ディーゼルが採用され、路上で95km/hの速度を発揮する。

数多くの派生型

VBLには7.62mm機関銃や12.7mm機関銃を装備した偵察車型の他に、ミランを装備した自走対戦車ミサイル型など

VBLは基本的に「装甲化されたジープ」といえる車輌だ。アメリカ陸軍のハンヴィーやイギリス陸軍のランドローバーに代表されるこれら小型車輌は、搭載能力などの面で限界はあるものの、汎用性とコストパフォーマンスが高いことから、陸軍の頼れる軍馬として無くてはならない装備となっている。特にVBL

現用型はホイールベースが延長され、より多彩な運用が可能だ

VBLは浮航能力も持つ（上）、12.7mm機銃を搭載したギリシャ軍のVBL（下）

VBLはフランス陸軍の他にメキシコ、オマーン、クウェート、ナイジェリアなど17ヵ国で採用されており、アフガニスタンなどで実戦に投入されている。またこの種の車輌を保有していなかったロシアが、国境警備用に500輌の導入を検討しているという話もある。

フランス軍向けのほか、輸出用としてミストラル短距離地対空ミサイルを偵察した自走対空ミサイル型、NBC偵察車型といった各種派生型がある。原型のVBLのホイールベースは2・45mだが、のちに2・7mに延長したバージョンも開発されたことから、対戦車ミサイルやキューポラの搭載が容易になったため、多数の派生型が開発されるようになったという経緯がある。

データ

戦闘重量	3,590kg（NBC装備の場合）
全長	3.87 m
全幅	2.02 m
全高	1.7 m
底面高	0.37 m
出力重量比	29.57 hp/t
路上最大速度	95 km/h
路上航続距離	600 km （外装の燃料量を使用すれば800 km）
渡渉水深	0.9 m／浮航
超壕幅	0.5 m
登坂力	50 %
転覆限界	30 %
旋回半径	5.77 m
主機関	プジョーXD3T 4気筒ターボチャージド・ディーゼル
出力	105 hp
ギアボックス	前進3速・後進1速
トランスミッション	ZFオートマチック
懸架方式	（前輪）ダブル・トライアングル／ヘリカル・スプリング（後輪）トーションバー
主武装	12.7mm機銃×1／7.62mm機銃×1／各種対戦車ミサイル×1
乗員	2〜3名

VBC90 (FRANCE)

フランス憲兵隊が装備・運用しているVBC90

(フランス)

フランスのルノー・ヴィークル・インダストリー社(現ルノー・トラック・ディフェンス社)が海外市場向けに開発した車輌で、1979年のユーロ・サトリで初めて公開された。

初期生産型は1981年9月に開発が完了したが、ターゲットとしていた海外市場での売れ行きは芳しくなく、オマーンに6輌が採用されたほかは、1983年に28輌がフランス国家憲兵隊(ジャンダル・マリー)に採用されたにとどまった。

フランス国家憲兵隊に採用されたVBC90には、当初からレーザー測距装置と組み合わされたSOPTAC射撃統制装置が装備されており、命中精度が向上しているが、オマーン向けの車体のうち4輌にも、この射撃統制装置が追加装備されている。

VBC90装甲車は開発コストを抑えるため、駆動系統のコンポーネントにはVAB4×4装輪式装甲車のものが流用されている。エンジン、トランスミッション、燃料タンクは車体後部に収められ、扉を介して容易にメインテナンスが可能となっている。

懸架装置にはオーソドックスなトーションバー方式が採用されているが、各車輪には油圧式ショック・アブソーバーも取り付けられている。ただし、VAB装輪装甲車にはある浮航能力はない。

車体には90mmF1砲を装備した、ジアット(現ネクセター)社製のTS90砲塔が搭載されている。使用弾種はHE、長射程用HE、HEAT、APFSDSと発煙弾で、通常の携行弾数は45発である。この他、4,000発の7.62mm同軸機銃弾を搭載する。

データ

戦闘重量	13,500 kg
全長	8.085 m
全高	2.552 m
出力重量比	16 hp/t
路上最大速度	92 km/h
路上航続距離	1,000 km
主機関	ルノー MIDS 06.20.45 水冷ターボチャージド6気筒ディーゼル
出力	220 hp
トランスミッション	ルノー・トランスファード376/前進5・後進1
懸架装置	トーションバーおよびショック・アブソーバー
主武装	90mm F1砲×1
乗員	3名

スフィンクス (フランス)

FRANCE

スフィンクスEBRCは、AMX-10RCの後継を見込んで、パナール社がネクセター社の支援を受けて開発した新型装甲車である。EBCRは装甲戦闘偵察車の略称で、2010年のユーロサトリで初めて公開された。

現在フランス軍は318輌のAMX-10RCを運用しているが、将来的に300輌のスフィンクスで更新する計画を持っており、制式化が決まれば2018年から生産が開始される予定となっている。

火力はロッキード・マーチン社の40mm CTA機関砲と火器管制装置を搭載する砲塔で、火器管制装置や偵察用監視装置については現段階では未定であるが、2人用有人砲塔という方針は定まっている。またスパイク戦車ミサイルの搭載も見込んでおり、箱型発射装置が砲塔側面に各1基装備されている。

機動力については明らかにされていないが、最高速度は100km/h前後が求められており、浮航能力は考慮されておらず、メルセデス社製12気筒ディーゼルエンジンが搭載される見通しとなっている。

車体の装甲は十分に確保されていると考えられる。側面と底面はIEDの爆風に備え徹底したV字構造を採用。ロケット弾対策用のスラット・アーマーが車体各部分に装着されており、加えてNBC防護能力も有する。

近年の装甲偵察車輌は戦闘偵察よりも戦場監視能力が重視されており、パナール社はこの需要に応じ4輪駆動のCRABを開発も進めているため、スフィンクスが輸出市場で成功を収められるかは不透明な状況にある。

砲塔にはスパイク対戦車ミサイルも搭載可能だ（上のみS. Kiyotani）

データ

戦闘重量	17,000 kg
全長	5.5 m
全幅	3.0 m
車体上高	2.6 m
出力重量比	35 hp/t
主機関	メルセデスベンツ社製6気筒ディーゼルエンジン
同出力	600 hp (550 hpの可能性もあり)
路上最高速度	110 km/h
路上航続距離	1,000 km
乗員	3名

カエサル（フランス）

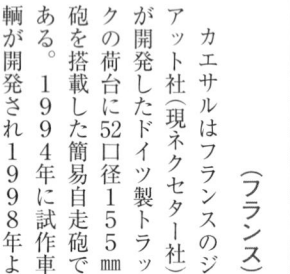

現在は車体にルノー・トラック・ディフェンス社シェルパ5を使用している（S. Kiyotani）

カエサルはフランスのジアット社（現ネクセター社）が開発したドイツ製トラックの荷台に52口径155mm砲を搭載した簡易自走砲である。1994年に開発され1998年より試作車輌が開発され評価試験を受けている。

カエサル、CAESARはCAmion Equipé d'un Systéme d'ARtillerie：トラック搭載式砲兵システムの略であり、その名の通りトラックに155mm榴弾砲を搭載した簡易型自走砲で、従来の自走榴弾砲と牽引型榴弾砲の中間的な存在だ。現在このような簡易型自走砲が増えたが、カエサルはその嚆矢である。

カエサルは仏国防省装備庁の要求でGIAT社（現ネクセター社）が1994年から開発を開始し、2002年から仏陸軍に配備されている。当初車体はメルセデス・ベンツの6×6のウニモグU2450を採用する予定だったが6輪型が計画途中で生産中止となったので、ルノー・トラック・ディフェンス社の6×6トラック、シェルパ5に変更された。なおサウジアラビア向けはサウジ政府とドイツ政府の協定によってドイツの車輌を使う必要があり、4×4のウニモグを6×6に改造して使用している。

トラックのキャビンは装甲化され、ここに操作要員が搭乗する。またネットワーク化された航法システムや火器管制が搭載されている。

後部に開放式配置でTRF1を改良した52口径155mm榴弾砲を搭載している。長大な砲身は車体全長よりも長く、車体前部よりも前に出ており、後部は砲尾部分が車体最後部に突き出る構造で、そのさらに後ろまで駐鋤が延長している。射程は通常弾で35km。ERFB強装薬を用いた場合の射程は42km、ロケット補助推進弾を用いた場合の最大射程は50kmに達する。

砲撃に当たり射撃前に駐鋤の展開が必要だがこの展開は60秒以内で可能であり、展開状態であれば火器管制装置の指示から射撃開始までは30秒以内で可能とされる。砲弾は弾ケースを車体右側に18発分搭載、左側に装薬を18発分搭載、砲員は砲尾までこれらを砲弾を人力搬送せねばならない。

本車は構造上自動装填装置を有していないが、FH-70榴弾砲のように砲身の反動後退により次弾を装填する補助装填装置が採用されているため、最大射撃速度は毎分6発に達する。

2009年アフガニスタンに展開したフランス軍のカエサル

間接照準射撃を行うに際して、本車にはGPS自己位置評定機能のほかSIGMA30慣性航法装置を搭載しており、的確な射撃位置への前進が可能であるほか、砲弾はROB4砲口ドップラーレーダ装置により弾道が標定されるため、極めて正確な火力投射が可能だ。

ネクセター社によれば、これらにより一個大隊8門が一分間の効力射にて投射できる砲弾は1t以上となり、対戦車精密誘導砲弾の投射のほか、90mmの浸徹力を有する子弾63発を内蔵した多目的弾による大隊効力射では一分間で3haを制圧可能としている。他方、緊急時の瞬発火力について、砲員は4〜5名を定員としているが緊急時は3名での稼働を想定した構造を採用し、精度よりも迅速性が求められる不意会敵に際して威力を発揮しよう。

この他自衛用に12.7mm機関銃の搭載も可能とされる。

機動力については路上最高速度100km/hでの航続距離は最大600kmで、全軸駆動のため不整地突破能力も高く、登坂力は40%、斜面走行能力は40%、超堤能力は0.5m、渡渉能力1.0m、超壕能力

は1.2mを有する。戦略機動能力としてはC-130HやA-400輸送機への搭載が可能だ。

防御力については、キャビン部分を除けば砲本体等が剥き出しであるため、砲弾片から乗員は防護可能であるものの、砲については その限りではない。

アフガニスタンへの派遣のため増加装甲キットが開発され、2007年までに32セットが仏陸軍で調達されている。

調達はフランス陸軍105輌、タイ陸軍が6輌、サウジアラビア陸軍が76輌となっている。また陸上自衛隊が牽引式榴弾砲、FH-70の後継となる「火力戦闘車」の候補としても検討し、実地調査を行った。

データ （仏陸軍モデル）	
戦闘重量	17.7t
全長	10m
全幅	2.55m
全高	3.7（空輸モード時2.7m）
主機関	ルノー MD-7 290hp
トランスミッション	ZF 6S1000 6速オートマチック
路上最高速度	80km/h
路外最高速度	50km/h
航続距離	600km
主砲	52口径 155mm 榴弾砲
携行弾薬数	18発
乗員	4〜5名

カエサルは約17t。C-130で空輸が可能だ

VBR

FRANCE

（フランス）

VBRはパナール社が開発した小型装甲車である。

VBRはVBLの車体を延長した形状に近く、VBLは片側各一箇所の扉が配置されている2ドア車だったが、VBRは4ドア車となった。

試作車は2002年に完成しており、現在では配備計画は具体化していないが、採用の可能性は大きく、多用途能力も十分残っている。

武装は車体上面に7.62mm機銃や12.7mm機銃を搭載可能であり、乗員2名と兵員7名を輸送可能、小銃分隊を機動展開可能とされている。また、ミラン対戦車ミサイルやミストラル地対空ミサイルなどの搭載も可能だ。

機動力は出力325hpのMTU社製4R106ディーゼルエンジンにより、最高速度110km/hを発揮可能で、登坂力は最大60‰、斜面走行能力は最大30‰、渡渉能力は1mで航続距離は1,000kmとなっている。VBLは水上浮航能力を有していたが、VBRは防御力を重視した結果、この能力を有していない。

車体は可能な限り傾斜装甲を採用している。この方式は防御力を増大させるが車内容積を圧迫する。しかしこれにより7.62mm弾の直撃や155mm砲弾の近距離での炸裂から乗員を防護し機動力を維持する事が可能となっているのに加え、増加装甲の設置が設計段階から盛り込まれており、追加方式の複合装甲を取り付ける事で14.5mm重機関銃弾の直撃に耐える。

加えて車高増大を見込んだうえで底部を爆風対策のV字形状としており、軽装甲車というよりは小型の重装甲車といえる防御力だ。NBC防御能力も付与されている。

データ

戦闘重量	11,500 kg
全長	5.45 m
全幅	2.5 m
車体上高	1.99 m
出力重量比	28.3 hp/t
主機関	MTU社製4R106ディーゼルエンジン
同出力	325 hp
トランスミッション	6段自動変速
路上最高速度	110 km/h
路上航続距離	1,000 km
乗員	2+7名

PVP

FRANCE

（フランス）

パナール社のPVPとはPetit Véhicule Protégé、フランス語で小型装甲車の略称だ。

PVPはフランス軍の汎用車輌であるプジョーP4の後継車輌として開発されたもので、プジョーP4はキャビン部分に装甲板と防弾ガラスをボルト留することで軽装甲車的な運用を行う事が可能であったが、防御力の向上には限界があり、後継となるPVPは、プジョーP4に比べてより本格的な装甲車輌となった。

武装はキャビン部分上部に重機関銃などのリモコン・ウェポン・ステーションを搭載できるほか、車体後部に対戦車ミサイルなども搭載できる。

車体後部は多用途性を持たせており、汎用型は前線監視車輌や対空レーダ装置、各種下記の運搬装置として用いるわけだ。汎用型のPVP／HDは車体が後方に20cmと側面が24cmが9cm拡張されているため、車体後部に6・5㎡の汎用空間を有し積載能力は最大2tの搭載が可能、このほかさらに車体を拡張したPVP／XLも開発されており、こちらは11㎡の装備搭載能力と3tの積載能力を有する。

イヴェコ8140エンジンを搭載、出力は160hpで最高速度は120km/hを発揮する。航続距離は800km。

防御力は一応軽装甲車輌として設計されているのだが、装甲は6mmから最大10mm程度、側縁部分の防弾ガラスは小型、車体側面は垂直装甲構造と本格的な戦闘は想定していない。

PVPは汎用車輌としての能力は高いが、不整地突破能力はあまり考慮されていない。しかし、治安部隊用には需要があり、フランス軍のほか、ドイツやチリやトーゴ等に採用されている。

データ （PVP HD）

戦闘重量	7,000 kg
全長	4.862 m
全幅	2.54 m
車体上高	2.567 m
出力重量比	23.28 hp/t
主機関	イヴェコF1C ディーゼル・エンジン
同出力	163 hp
トランスミッション	ZF社製 6HP260
路上最高速度	105 km/h
路上航続距離	700 km
乗員	2+6 名

VLRA装甲型 TPK-420 & バスチオンAPC／パトゥサス

FRANCE（フランス）

装甲4×4型でも高い不整地機動力を持つTPK420VBL

TPK-420とバスチオンはアクマット社が開発し、フランス軍を始め仏法執行機関に多数が配備され輸出も行われている傑作多用途車輌VLRAの装甲型である。原型のVLRAはフランスのほかアフリカや中東にアジア諸国など少なくとも43か国に輸出されている。兵員輸送車、迫撃砲牽引車、自走地対空ミサイル発射器、自走機関砲などは勿論、憲兵隊の輸送車輌に消防車としても運用されており、フランス軍を象徴する汎用車輌と言って差し支えない。

この汎用車輌の生産数は多く、当然として運用者からは装甲型を望む声があった。装甲VLRAの試作車輛は4×4と、より大型の6×6型が開発されているのだが、大型装甲車輌の需要は低く、生産されているのは4×4のみ。

本車の構造は四輪駆動汎用トラックであるVLRAの車体部分を装甲化し、後部の開放式荷台を装甲キャビンにより防護した構造を採用し、8名が着席する構造で完成した。

純然たる装甲輸送車輌であり、積極的に戦闘を行う構造ではないが、防盾式銃座か遠隔式銃搭に搭載し、12.7㎜重機関銃などを搭載可能だ。一方で81㎜迫撃砲後部キャビンに搭載する自走迫撃砲型も提案されている。装甲救急車にも応用されている。

本車の機動力は、VLRAに装甲区画を織り込んだもので、VLRAの機動力が本来高いことから、装甲増加による機動力低下は僅かである。

装甲は、後付の防弾装甲ではなく全溶接モノコック構造の防弾車体を有する為、一定の生残性能を確保している。具体的に

特殊部隊用のバスチオン・パトゥサス

70

最新のバスチオンAPC（S. Kiyotani）

アクマット社は2010年にTPK-420を改良した後継の装甲兵員輸送車としてバスチオンAPC、偵察警戒車としてバスチオン・パトゥサスの二種をユーロサトリ国際兵器展にて発表した。これはアフガニスタンISAF派遣軍への各国部隊派遣とともにこの種の車輌の装甲化が突発的戦闘に際しての死活の重要性をもつ現状が反映されたのだろう。

バスチオンは攻撃力の面ではAPC型が防盾付銃座を搭載し、12.7mm重機関銃や40mm自動擲弾銃を運用可能であるほか、発煙弾発射装置と銃眼を車体前後左右に搭載している。兵員室は8.5㎥の容積を有している為、APC型が防盾付銃座を搭載し、特殊部隊の使用にも意識されている。一方の偵察警戒型は、開放型戦闘室の中央上部に12.7mm重機関銃などを搭載し、車体前部助手席部分と後部兵員室に7.62mm機銃を搭載可能で広域を哨戒し武装勢力などを掃討する上で最適な運用だ。

機動力は、最高速度や航続距離が装甲車としては充実しているほか、重心が高いAPC型で登坂力65％、傾斜転覆限界30％を有しており、空気圧自動調整装置により不整地突破能力にも配慮がなされている。また、C-160輸送機、CH-47輸送ヘリコプターでの空輸も可能である。

その防御力は、NATO防弾規格レベル2にあたり、7.62mm徹甲弾の直撃や6kgの対戦車地雷の爆風に耐える水準だ。耐爆車輌として専用設計車輌と比べれば防御力に限界がある事は否めないが、非正規戦闘への対応から装甲車輌を更に兵站部隊等へ普及させる必要性に迫られた今日では潜在的需要は大きい。

その防御力は、傾斜する5.8mmの防弾鋼板が採用されており、近距離での7.62×51mm普通弾の直撃から乗員を防護する。

装甲VLRAはTPK-420BLとして1980年に完成し、650輌が生産されているが、輸出は中央アフリカに数輌、サウジアラビアに10輌程度、ガボンに25輌が輸出されたほかはコートジボワールが輸出された程度で、汎用型ほど装甲型は輸出に成功していない。

データ（バスチオンAPC）

戦闘重量	15,000 kg
全長	6.0 m
全幅	2.2 m
車体上高	2.4 m
出力重量比	20.47 hp/t
主機関	6気筒ディーゼル（ターボディーゼル5.0ℓ）
同出力	215 hp
トランスミッション	自動変速前進6段後進1段自動変速
路上最高速度	110 km/h
路上航続距離	APC1,000 km
乗員	2+8 名

アラビス

（フランス）

FRANCE

アラビスはフランスのネクセター社が、ウニモグU-5000の車体を利用して開発した4輪駆動式装甲車である。主として警戒任務における待ち伏せ攻撃や、簡易爆発物の脅威から歩兵部隊を防護する目的で開発されたもので、2009年に試作車輌が完成し、2010年に最初の量産車輌15輌がフランス陸軍に導入された。その後サウジアラビアで最大200輌程度が採用されることとなり、生産が続いている。

車体構造は車体前部にパワーパックを配置し、車体中央部から後部にかけ操縦区画と乗員区画が配置されており、耐爆構造の車体下部と共に傾斜装甲により操縦乗員区画を防護している。兵員室には6名を収容できる。

アラビスはモジュール装甲を採用しており、車体が許容する際高度の防御力を付与した場合、14.5mm重機関銃弾の直撃や、至近距離での155mm砲弾の爆発に耐え

レベル4の高い防御力を有している　（S. Kiyotani）

るほか、5mの距離で炸裂した50kgのTNT火薬の爆風から乗員を防護する事ができる。

アラビスは上部ハッチに12.7mm機銃や20mm機銃の搭載が可能となっている。車体には対狙撃感知システムがオプションとして用意されており、市街地などでの不意会敵に対応

パワー・プラントには218hpのメルセデスベンツOM-924エンジンが採用されており、路上最大速度は100km/hに達する。また、ミシュラン365・80R車輪空気圧調整装置が搭載されているため、不整地突破時には空気圧を調整する事で機動力を維持する事が可能だ。

ただ、重量が重いため浮航能力は無く、1mまでの渡渉能力を有するのみとされている。

モジュラー式装甲により、将来より高い防御を付加できる

データ

戦闘重量	12,500 kg
全長	6.0 m
全幅	2.5 m
全高	2.5 m
路上最大速度	100 km/h
路上航続距離	750 km
主機関	メルセデスベンツ OM-924 ディーゼル・エンジン
出力	218 hp
主武装	12.7 mm 機銃、20 mm 機銃など
乗員	2（+6）名

シェルパMRAP

FRANCE

（フランス）

シェルパMRAPは、フランスのルノー・トラック・ディフェンス社が開発した、6×6の対地雷防護車輌だ。

車体の防御レベルがNATOの標準防御規格、STANAG4569でどの程度なのかは明らかにされていないが、ルノー・トラック・ディフェンス社は高いレベルの防弾性能を持つと宣伝している。対地雷防護車輌を名乗る以上、当然のことながら車体底面にはV字型構造が採用されている。装甲化されたキャビンには12名の人員を収容できる。

パワー・プラントはルノー社製の6気筒ディーゼルエンジンMD-7（340hp）、トランスミッションは前進8段、後進1段のオートマチック・トランスミッションZF9F9310が採用されている。また、ステアリングにはパワー・アシスト式、つまりパワステが用いられているほか、ブレーキもABS付のディスク・ブレーキが採用されるなど、足回りは戦術トラックとほとんど変わりがない。

武装は5・56mm、7・62mm、12・7mm機関銃が搭載可能で、搭載方法は有人のターレット、リモコン・ウェポン・ステーションのいずれも可能とされている。

シェルパMRAPは比較的大柄な車輌だが、被空輸性を考慮した設計がなされており、C-130またはエアバスA400M以上の規模の輸送機であれば空輸が可能となっている。

2012年10月には、最初のカスタマーとしてカタールの治安機関から22輌の発注を受けており、2013年度中の納入が予定されている。

(S. Kiyotani)

データ

戦闘重量	20,000 kg
全長	7.0 m
全幅	2.5 m
全高	3.0 m
路上最大速度	90 km/h
路上航続距離	850 km
燃料タンク容量	310ℓ
主機関	ルノー MD-7 ディーゼルエンジン
出力	340 hp
主武装	各種機関銃
乗員	2（＋12）名

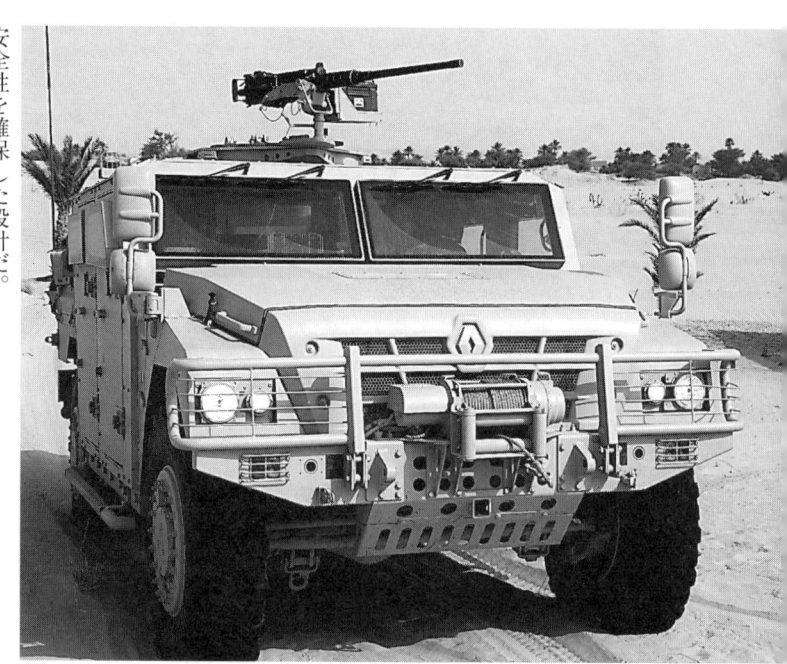

シェルパライト

(フランス)

(S. Kiyotani)

シェルパライトはルノー・トラック・ディフェンス社が空挺部隊や海兵隊等の緊急展開部隊用に、そして山岳部隊や軽歩兵部隊用に開発し、2006年に発表した軽野戦輸送車輌である。

車体構造は4輪駆動車体へ全部をボンネットエンジン方式としてパワーパックを配置し、中央部前よりに2名用の操縦区画キャビンを配置、その背後は中央部後ろから後部にかけてオープントップカーゴスペース、もしくは装甲化兵員室として配置する方式で、必要に応じて使い分ける汎用性を特徴としている。この装甲型はシャルパライトスカウトと呼ばれ、全周を耐弾・耐地雷・耐爆防弾装甲キットにより覆い、乗員及び兵員の安全性を確保した設計だ。

シェルパライトは重量7・7t、ただし、スカウト型は9・8tで、全長5・9m、全幅2・2m、全高はキャビン部分で2・1m、乗員は2名から兵員輸送時には5名、最大で10名程度が収容できる。

フランス国家憲兵隊が採用したシェルパ3A（S. Kiyotani）

本車は、打撃力を搭載人員に頼る構造で、固有の打撃力は有しない。基本型のシェルパライトは輸送車輌ということで固有武装を有していないが、キャビン部分上面がハッチとなっているので操縦席側面の助手席にあたる車長席から立ち上がって携帯火器により自衛戦闘程度は行うことが出来る。スカウト型については発煙弾発射装置と上面に5・56mmや7・62mm、最大で12・7mm重機関銃までの遠隔操作式銃搭を設置可能であるほか、左右に各4箇所、後部乗降扉に2箇所の銃眼が用意されており、巡回車輌としての警戒能力は侮りがたい。

機動力は215hpのルノーMD-5エンジンにより最高速度110km/hを発揮し、搭載燃料は通常型で130ℓと装甲型は164ℓとなっていて、航続距離は1,000km、アリソンS2500変速機を採用し、登坂力は最大60‰、傾斜地走行性能は40‰、超壕能力は0・9mで、超堤能力は0・4mだ。なお、緊急展開部隊向けにA-400M輸送機やC-130輸送機への搭載は、設計段階から予め考慮されている。

防御力については、原型車輌が乗員のキャビン部分のみを装甲化し防弾ガラスを採用、後部の貨物区画には装甲を施していないが、耐弾性の低い物資などを安全に輸送する場合には装甲を追加する事も可能なようだ。

スカウト型も装甲は厚くないが、増加装甲の装着により、一定の防御力は確保している。

防御力と機動力に一定性能を有する本車は、既にエジプトとインドネシアへ輸出実績があり、治安部隊向けや市街地での部隊移動用の軽装甲車として一定の需要を有する車輌といえよう。

データ

戦闘重量	7,700/9,800 kg
全長	5.9 m
全幅	2.2 m
車体上高	2.1+ m
出力重量比	27.9/21.9 hp/t
主機関	ルノーMD-5 ディーゼル・エンジン
同出力	215 hp
トランスミッション	アリソンS2500
路上最高速度	110 km/h
路上航続距離	1,000 km
乗員	2+5/10 名

FRANCE

ケラックス装甲トラック
（フランス）

ケラックスはフランスのルノー・トラック・ディフェンス社が開発した、重輸送トラックだ。4×4、6×6、8×8の3タイプが開発されており、開発当初はソフトスキン車輌であったが、イラクとアフガンの戦訓からキャビンが装甲化されたタイプが、2006年から登場している。

装甲キャブの防御レベルは明らかにされていないが、小銃弾や砲弾の破片の直撃程度には耐えると見られる。また、限定的ながら対地雷防御力も持つ。キャビンの装甲化により重量は増加しているが、4×4タイプはA400M、C-130、C-1

(Alexandre Prévot)

60での空輸も可能とされている。

パワープラントは各タイプともルノー社製のDXi11ターボ・チャージド・ディーゼルを採用しており、380hp、430hp、460hpの3タイプを選択できる。また、オプションとしては空圧調節装置、ランフラットタイヤなども用意されている。各タイプとも路面状況に応じて駆動輪の数を変更することが可能となっており、たとえば6×6タイプならば、整地では4輪駆動、不整地では6輪駆動で走行することができる。

武装は5.56mm、7.62mm、12.7mm機関銃が搭載可能で、また兵装類のウェポン・キャリアーとしての運用も可能とされている。

ケラックスはフランス軍に400輌程度が採用されているほか、ベルギー、チャド、エジプトにも採用されている。ベルギーに納入された車体の一部はクレーンやウィンチなどを搭載した重回収車として運用されている。

データ （6×6タイプ）

戦闘重量	18,000 kg
路上最大速度	90〜110 km/h
路上航続距離	900 km (80 km/h走行時)
主機関	ルノー社製DXi11 6気筒ターボチャージド・ディーゼル・エンジン
出力	380〜460 hp
武装	各種機関銃
乗員	2〜6名

第4章
ドイツ

GERMANY

フクスシリーズ

（ドイツ）

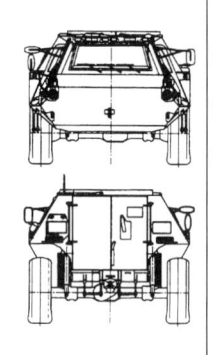

フクスシリーズはダイムラー・ベンツ社が開発した6×6の汎用装輪装甲車だ。

UAE陸軍のフクスNBC装甲車

フクスの装甲キャブは防弾スチールの全溶接構造で、小火器弾や砲弾片から乗員を保護する程度の耐弾能力が施されている。フロント・ウィンドウには視界の広い防弾ガラスが採用されており、必要に応じて装甲シャッターでカバーし、ペリスコープを用いて操縦することも可能となっている。

機関室にはパワーパック一式がそっくり収容されている。エンジン、自動変速機（6速）、冷却器、パーキング・ブレーキ、パワーブレーキ、油圧システム、発電機（5kW）など。このパワーパックはマウントや電気系統の接続が簡単に脱着できる構造になっているため、取り外しにかかる時間はたった10分しかかからない。

パワー・プラントはメルセデス・ベンツ社製OM402A 8ターボチャージド・ディーゼル（出力320hp）で、6輪は前の2軸4輪でステアリング（操向）する機構となっており、最高速度は105km/h、最大航続距離800km。車体後部の2基のスクリュー・プロペラにより10.5km/hの速度で水上航行できる。

兵員／貨物室のスペースは、全長3.2m、幅2.5m、高さ1.25mで、装甲車の兵員室としては広い車輌に属する。フクスの床面積は8㎡あり、形のよく似たフランス軍のVAB装輪装甲車よりも2.4倍も大きい。

Tpz1フクスの4面図

78

12.7mm機関砲またはGMG 40mmグレネード・ランチャーを1門装備している。また、ドイツ陸軍の爆発物処理車輛は、20mm機関砲を備えた砲塔を装備している。

2001年には、改良型のフクス2も登場している。主な改良点は輸送能力の拡大と防御力の強化で、兵員室の天井高が145mm嵩上げして収容スペースを拡大し、増加装甲パッケージの装着により、防弾能力は全周で14.5mm徹甲弾、車体正面は30mm徹甲弾の直撃に耐えられると言われている。

当然、車体は重くなり、戦闘重量は20tの大台に達したが、MTU製6V199TE20ターボチャージド・ディーゼル・エンジン（428hp）と、ZF6HP602自動変速機（6速）を組み合わせたユーロ3パワーパックの採用により、機動力は維持されている。また、車体後部の2基のスクリュー・プロペラも健在で、浮航能力も維持されている。

フクスは派生型も多く、RASITレーダー車、電子戦車輌、指揮車、工兵車、EOD（爆発物処理）車などが開発されているが、その中で最も広く知られているのが、湾岸戦争時にアメリカが緊急調達し、M93フォックスとして採用された、フクスNBC偵察・検知装甲車だろう。

対放射線用にはSVG2放射線測定器を装備している。検知器は車外にあり、車体自体の放

兵員／貨物室は独立した座席が壁面に5個ずつあり、10人の兵士が楽に座れる。座席をたためば、後面にある観音開きのドアから4t分の貨物を搭載できる。兵員／貨物室の上には3つのハッチがあり、それぞれ各種兵装を装備できる。通常の兵装はMG3機関銃（3挺）と車体左側に装備されたスモーク・ディスチャージャーだが、フランス・ドイツ合同旅団に配備されている車体はMG3を2挺とミラン対戦車ミサイルを、アフガニスタンに派遣されている車体は、やはりMG3を2挺と、M2

上：UAE陸軍のフクスNBC装甲車。無論エアコン装備だ
下：ラインメタルの提案する近代化キットを装着したフクス2
（上下ともS. Kiyotani）

上：車内容積と搭載能力が拡大したフクス2装甲輸送車
下：車体後面下に地上サンプル採取用小車輪を装備するフクスNBC

フクスNBC偵察・検知車の最大の特徴は、搭載している様々な検知・識別機器が収拾したデータを集中的に処理するCDPU（中央データ処理装置）を装備していることで、これにより短時間で脅威の識別が可能となっている。また、当然のことながらNBC空調装置が装備されているほか、車輌位置表示装置なども装備されている。

冒頭で述べたようにフクスを開発したのはダイムラー・ベンツ社だが、製造はテッセン・ヘンシェル社が担当し、その後テッセン・ヘンシェル社がラインメタル社に吸収されたため、フクス2はラインメタル社によって製造されている。

フクスはドイツ連邦軍に1,000輌以上が採用されており、一部の車体はアップグレード改修を施した上で、現在も多くの車体が現役に留まっている。ただ、APC型の輸出はお世辞にも成功したとは言いがたく、前述したアメリカをはじめ、オランダ、サウジアラビア、UAE（フクス2）、ベネズエラなど、海外のユーザーが導入した車体の大多数はNBC偵察・検知車となっている。

射線被爆を抑制しながら地表の放射線量を正確に記録できる。
化学物質に対する監視／警報装置は、遠隔式化学物質検知システムM21（地表を昼夜に渡って観察するTVカメラ）と、携帯型検知／警報装置RAIDI、GID-3ガス検知器、質量分析装置と濃縮検知装置を搭載している。生物兵器用の細菌サンプル採取・保管装置は、地上サンプル採取器と格納ポート、サンプル保存キットから構成されている。

データ （APC型）	
戦闘重量	17,000 kg
全長	6.83 m
全幅	2.98 m
全高（車体）	2.30 m
底面高	0.506 m
出力重量比	18.82 hp/t
路上最大速度	105 km/h
路上航続距離	800 km
登坂力	70%
接近／発進角	45°／45°
旋回半径	8.5 m
主機関	V型8気筒 OM402A 水冷ディーゼル・エンジン
機関出力	320 hp
トランスミッション	ZF製 6HP500 自動変速機（6速）
主武装	MG3 機関銃×3（標準時）
乗員	2名／兵員10名

ムンゴ

(ドイツ)

GERMANY

ムンゴはドイツ軍がM-26空挺多用途車の後継として緊急展開部隊用に導入した軽装甲車である。緊急展開部隊でも空挺部隊や空中機動部隊への配備が念頭に置かれており、装軌式で20㎜機関砲かTOWミサイルを運用するヴィーゼル空挺戦闘車との協同等を視野に入れる装備だ。

一見非装甲に見える車体だが、非装甲のM-26と異なり装甲車で、空挺部隊と空中機動部隊の機械化と装甲の付与に重点を置き2005年よりドイツ連邦軍へ396輌が配備された。

ムンゴの攻撃力はMG3軽機関銃かH&K GMG 40㎜自動擲弾銃を支柱に取り付ける事が可能である。攻撃力の主柱は降下猟兵の降車戦闘能力にあり、2tまでの人員と装備が搭載可能な後部兵員室は全乗員が外向きに着座し、左右後部の装甲化された大型乗降扉から迅速な降車戦闘が可能で、実用性は大きい。

本車は緊急展開部隊向けの車輌という事もあり、ドイツ連邦軍に93機が配備されているCH-53D輸送ヘリコプターの機内へ搭載する事が可能である。機内搭載は吊下げ輸送時と異なり航続距離など飛行性能に及ぼす影響が少なく、車体上部が折畳式となっている為車内容積確保と機内搭載が同時に両立出来る。なお、車体長はCH-53D機内収容時に兵員が同乗できる規模に抑えられている。車体そのものの機動力は旋回半径が9mと小回りは利くものの、不整地突破能力が車輪等の面で限定的となっており、2007年にアフガニスタン派遣の際に不整地突破能力の不足が問題視され、改善措置が取られた。防御力に関しては対人地雷や小銃弾などからの防御装甲は確保されている。ただ、車体上部は開放型兵員室を採用しており、山岳地域や市街地での運用には戦術上の留意事項となっていよう。

派生型として貨物輸送型のMUNGO-VARIANT 2が開発されており、NBC偵察型も開発されている。

データ

戦闘重量	5300 kg
全長	4.22 m
全幅	1.85 m
車体上高	2.25 m
出力重量比	19.8 hp/t
主機関	イヴェコ 8140.43 ディーゼルエンジン
同出力	105 hp
トランスミッション	ザンラドパブリック 4×4-25-S5 手動変速
路上最高速度	110 km/h
路上航続距離	400〜500 km
乗員	2+8 名

ディンゴ

GERMANY

（ドイツ）

ディンゴはクラウス・マッファイ・ウェグマン社が、低強度紛争地域に派遣されるドイツ連邦軍のAPV（All Protection Vehicle）の要求に応えて開発した4輪駆動装甲車だ。

APVは戦闘重量6,200kgのAPCV1と、戦闘重量8,800kgのAPCV2の二つのタイプが試作され、評価試験の結果APCV2がディンゴのベースとなった。

ディンゴの開発にあたっては、地域紛争に使えるモジュラー式の全面防御車体、多用途な任務への適応性、C-130輸送機による被空輸能力、低いライフサイクル・コストなどが要求された。

こうした要求を短期間で実現するため、ディンゴは世界一のクロスカントリー性能を誇る、メルセデス・ベンツ製ウニモグ4輪駆動汎用トラック（U100LあるいはU1550L）のシャーシを流用する形で開発された。

新たに開発された装甲ボディーは、前部のエンジンを保護する装甲ボンネット、中央の装甲乗員コンパートメント、後部の装甲貨物コンパートメント、そして車体下の大きな底面装甲カバーから構成されている。

この装甲カバーは一種のデフレクターで、たとえ対戦車地雷が真下で炸裂しても、爆発エネルギーを両側に逸らし、中の乗員を保護する機能を持っている。

装甲乗員コンパートメントの防弾性能は、基本的に7.62mm機銃弾や155mm砲弾片の直撃に耐え得るレベルで、必要に応じて増加装甲プレートを装着することもできる。

車内の配置は、前席に操縦席（左）と車長席（右）、後部に2〜4人分のスペースが確保されており、敵の早期発見、監視のため乗用車並みの大型フロントガラスや、窓付きの4枚のドアが取り付けられている。

駆動系にウニモグU5000のものを流用したディンゴ2

ディンゴの基本構造図

ディンゴは装備品も充実しており、NBC防護装置、空調システム、タイヤ空気圧中央制御システム、後方監視カメラ、外部通信システムを備えている。

ディンゴはドイツ連邦軍からは採用されたものの、当初想定していた輸出市場では、搭載能力の不足などから受注を得ることはできなかった。このためウニモグU5000のシャーシを流用して搭載能力を向上させ、あわせて装甲防御力も強化されたディンゴ2が開発されることとなった。

ディンゴ2の車体上面にはフェネック偵察車から流用したペリスコープ付のウェポン・ステーションが装備されており、身体を露呈しなくてもMG3機関銃などの射撃を行なうこともできる。

ディンゴ2は全長3・25m（搭載量3・5t）と全長3・85m（搭載量4t）の2タイプが開発されており、ドイツ連邦軍と国境警備隊のほか、チェコ、ノルウェー、ルクセンブルク、オーストリア、ベルギーなどに採用されている。

ディンゴ2のバリエーション：上から、輸送型、NBC偵察型、野戦救急車型、装甲回収型
（下のみS. Kiyotani）

データ（ディンゴ1）

戦闘重量	8,800 kg
全長	5.45 m
全幅	2.3 m
全高	2.35 m
出力重量比	27 hp/t
路上最大速度	120 km/h
路上航続距離	700 km
主機関	ディーゼル・エンジン
出力	240 hp
主武装	MG3機関銃、M2機関銃、リモコン・ウェポン・ステーションなど
乗員	1名／兵員4名

GERMANY

フェネク

（ドイツ）

フェネク装甲偵察車は1992年にオランダのダッチSPアエロスペース社が開発した装甲小型車輌に着目したオランダ軍とドイツ軍が次世代装甲偵察車輌及び自走対戦車ミサイルとして着目し、ドイツのクラウスマッファイ・ヴェクマン社と共に実用化した車輌だ。

2000年までに評価試験が完了し、2001年に制式発注が行われることとなった。

導入はオランダ軍より開始され、2003年の量産一号車導入を筆頭に偵察型202輌と対戦車型130輌、更に連絡任務や輸送車輌護衛等に当たる汎用型78輌を取得している。ドイツ軍への導入は2003年末に開始され偵察型178輌と砲兵観測型20輌、更に戦闘工兵型24輌を取得してお

り、続いて2015年までに追加分が納入される。ドイツでは先頭全車除籍された20㎜機関砲と八輪車体を有するルクス装甲偵察車の後継として配備されており、威力偵察の時代から監視偵察の時代への転換点といえるやもしれない。

車体構造は極めて低い車高が外見上の最大の特色で、車体配置は車体最前部に操縦手と更にやや後部に並び偵察員席と車長席が中央部に掛け配置、後部が動力区画という配置だ。

フェネクの最大の特徴は、偵察情報の迅速な収集にある。情報は1・53m伸縮式統合電子観測機材により収集される。これは熱線暗視装置と昼間光学TVカメラにレーザー測遠器を統合したもので、車載運用のほかに降車展開させ50m以内のケーブル伝送を行い遠隔監視の実施も可能という構造が採用された。これら情報はドイツ連邦陸軍のC4IシステムであるIFIS統合指揮統制システムとGeFuSys大隊指揮統制システムを通じ、上級司令部や各部隊と共有する事が可能で、観測手が指示した移動体や陣地等の特定目標を継続的に監視する部隊間情報共有も可能だ。同様のシステムがオランダでも構築されている。加えて操縦席と並列に位置する偵察員席は必要に応じ車体上と車内の昇降が可能であり、五感に依拠した監視も考慮されている。

搭載火器は40㎜自動擲弾銃かドイツ軍仕様ではMG-3軽機関銃、オランダ軍仕様では12・7㎜重機関銃が搭載され、車内からの操作が可能だ。オランダ軍が運用する対戦車型はイスラエルのラファエルADS社製スパイクMR対戦車ミサイルを搭載している。スパイクMRは歩兵携行用の中射程型で最大射程は2,500mあり、オランダ陸軍ではミラン

84

対戦車ミサイルの後継として227基を導入している。フェネクには発射機中央部に熱線暗視照準器を搭載し左右に連装の計四発を搭載する仕様で運用している。

機動力では本車は115km/hと比較的早い速度を発揮できるほか、車輪空気圧調整機能を有し、不整地突破能力の確保にも配慮している。自車位置はGPSを有し、GPSが使用不能な状況下においても慣性航法装置の搭載により偵察目標地域への迅速な展開が可能だ。

防御力の観点から見たフェネクは7.62mm耐弾と対人地雷からの乗員区画防御という平均的なものであり、これは開発時期が90年代前半という、非対称戦の脅威が認識される以前の設計であるためだ。一方で増加装甲の装着は可能とされており、地雷などの爆発を考慮して車輪を破壊された場合の乗員を守るため、車輪が独立動力伝達軸により駆動しているので、四輪駆動ながら車輪を破壊されても残る車輪で走行が可能という、生存性が重視された構造だ。NBC防護能力は有しているため、核汚染地域の偵察にも寄与しよう。

フェネク2には改良型としてフェネク2が構想されている。フェネク2はフェネクの防御力を大幅に増強させている。機関部を双重化することで戦闘などに際する機関部損傷による機能不随を回避する構造も採用され、加えて機関部の複合化により乗員区画の防護をより確実とする設計がなされている。この フェネク2は装甲偵察車と対戦車駆逐車であった4×4のフェネクに対し、4×4型と6×6型が設計されており、重装甲を活かした装甲輸送車両としての運用が期待されている。

データ

	（ ）内はフェネク2
戦闘重量	9,700〜10,400（7,500〜24,000）kg
全長	5.71（5.0〜6.4）m
全幅	2.49（2.5）m
車体上高	1.79（2.1）m
出力重量比	24.6/22.98（53.6〜16.75）hp/t
主機関	ドゥツ社製ディーゼルエンジン（201×2）
同出力	239（402）hp
トランスミッション	前進6段後進1段（未定）
路上最高速度	115（100）km/h
路上航続距離	860（未定）km
乗員	3（3+6）名

アクトロス装甲トラック

GERMANY

（ドイツ）

アクトロス装甲トラックはメルセデスベンツが1996年に発表したアクトロストラックの装甲型だ。

アクトロストラックは1996年の原型MP1、2003年の改善型MP2、2008年の改良型MP3、更に改良型MP4が2011年に市場に出され、総生産数は45万台以上、我が国における物流にも寄与する車輌だ。

アクトロストラックはメルセデスベンツ社製の多様なトラックの有力車種として多国で運用されており、これを装甲化したわけだ。

このアクトロス装甲トラックはカナダ国軍の要請によりアフガニスタン派遣部隊の兵站支援任務に十分な能力を有する車輌を配備するとの観点から2007年までに開発された車輌で、2007年までに108輌の調達計画が出されている。

機動力は全輪駆動型8輪仕様のもので、積貨最高速度88km/h、全車輪制動仕様、タイヤ圧自動調節機構を備えている為一定の不整地突破能力を有すると共に0.75mの超壕能力と1.2mの渡渉能力や最大70‰の登坂力と30‰の横斜面走行能力を有し、山間部や砂漠地帯での路外輸送にもある程度対応する性能だ。

車体はキャビン部分を箱型装甲で覆うタイプで、追加防弾板よりも進んだ加工がされている。これは南アフリカのLMT社が技術支援を行っている。これにより機関銃弾と簡易爆発物の爆風から乗員を防護するとともに、車体部分の走行への影響を最大限維持する。地味な装備ではあるが、兵站部隊は遊撃戦等における格好の標的となるのも事実であり、国際平和維持活動を危険な地域においても継続するには必要な装備といえよう。

データ

戦闘重量	23,000 kg
搭載量	18,000 kg
全長	10.5 m
全幅	2.8 m
車体上高	3.4 m
出力重量比	21.9 hp/t
主機関	メルセデスベンツ OM-502-370 kw
同出力	503 hp
トランスミッション	メルセデス社製テリグラントオートトランス自動変速機
路上最高速度	90 km/h
路上航続距離	900 km
乗員	1+1 名

G-WAGON 280 CDI （ドイツ）

GERMANY

ドイツ連邦軍は1980年代までに調達した汎用車輌イルティスの後継としてメルセデスベンツ社製G-WAGONを1989年より調達開始、各型を併せ一万台以上が連邦軍へ納入されている。不整地突破能力が高く、調達価格と車体規模も手頃で十分な内容を備えていた為、少なくとも30カ国以上が陸軍用に大量配備を行い、ロシアや米軍も調達、一部は沖縄にも配備された。

本車は非装甲の所謂ソフトスキン車で、最も多く調達されたのは軽輸送型LKW0・9tであり、2・8tの貨物を搭載する他に運転要員を含め軽歩兵10名を輸送可能。他後部キャビン部分を延長した軽トラック型が開発されており、同車は軽輸送任務のほか救急車などの用途にも用いられている。本車最大の特色は上記の用途からも分かる通り小型車輌ながらの汎用性にあるが、この汎用性を第一線や国際平和維持任務における彼我混交の競合地帯での運用に活かせないかという視点が持たれた。

G-WAGON 280 CDIは派生型のLAPV-Enokが開発され、この用途に充てられている。LAPV-Enokは攻撃力の面で、上部を装甲により覆っている為、開放型のG-WAGON 280 CDIのようにミラン対戦車ミサイルやミストラル地対空ミサイルを搭載する事は出来ず、補助的にMG-3軽機関銃等を搭載するのみだ。

機動力は、重量が原型のG-WAGON 280 CDIの2・8tから5・4tに増大しているため、加速性などでは見劣りするが、元々の車体性能が高い為、不足は無い。

Enokの防御力は30m以内での7・62×39mm弾の直撃や80mの距離での155mm砲弾の炸裂や対戦車地雷から乗員区画を防護する。従って至近距離での7・62mm機関銃弾に対してやや50m程度の距離での砲弾炸裂に対しての防御力は有さない。

本車には簡便な指揮連絡用と巡回用としての需要があり、ドイツ連邦軍は2013年までに247輌のG-WAGONを調達する計画を進めている。

データ　（以下 G-WAGON 280 CDI 防弾型 LAPV-Enok)

戦闘重量	5,400kg
全長	4.82 m
全幅	1.90 m
車体地高	1.90 m
出力重量比	34.1 hp/t
主機関	OM642 六気筒ディーゼル
同出力	184 hp
トランスミッション	自動変速前進4段後進1段
路上最高速度	95 km/h
路上航続距離	700 km
乗員	2+6 名

Yak

(ドイツ)

GERMANY

Yakはドイツ陸軍憲兵隊用装甲輸送車で、2006年より調達が開始された車輌である。

主として部隊の輸送支援のほか、後方地域における救急車輌や爆弾処理部隊の支援車輌として用いられる。

原型はスイスのモワク社製DURO野戦トラックで、1994年の期間でスイス軍に約3,000輌装備されているほか、ドイツ連邦軍に対しても納入されている。

車体部分は車体前部に乗員区画を配置し、パワーパックをその後部に配置しており、後部を輸送区画とする構造だ。

本車は輸送車輌として開発されているが、キャビン部分への機関銃の追加は可能である。ただ、憲兵隊のほか救急車や爆発物処理部隊用車輌として用いるため、現在のところドイツ連邦軍ではアフガニスタンISAF派遣任務を含め、必要性が無いことから機関銃の搭載を行っていない。その輸送能力であるが最大5.5tまでの貨物を搭載可能で、必要であれば基本車高である2.59mを2.83mとして収容積を増大させることも可能で、汎用性が高い。

機動力について、この原型となったDUROはソフトスキン車輌で装甲車ではないが、Yakはその開発に際してソフトスキン車輌への装甲装着を行うのではなく、単純に制動能力や懸架装置の強化などを行い、装甲化による車体重量増加が車体性能へ悪影響を及ぼすものを最小限としており、改修ではなく改良型といえよう。

防御力はキャビン部分と後方の輸送区画に対して防弾構造が採用されており、車体正面部分は一枚型防弾ガラスの採用により視界を確保しつつ必要な防御力を付与しているのが特徴といえる。

Yakは6輪型が基本であり、原型となったDUROのように4輪型のYakは開発されていないが、構造部分の流用は可能とされる。配備数は296輌で、生産は継続している為、更なる追加生産も可能である。

データ

戦闘重量	13,500 kg
全長	6.49 m
全幅	2.46 m
車体上高	2.59 m
出力重量比	18.5 hp/t
主機関	カミンズ ISBe 5.9L diesel
同出力	250 hp
トランスミッション	アリソン 2500sp
路上最高速度	100 km/h
路上航続距離	650 km
乗員	2+12 名

ヴィゼント

(ドイツ)

GERMANY

ヴィゼントはドイツのラインメタル社がドイツ連邦軍の進めるGFF4(装甲指揮通信車輌)プログラムの候補として開発された大型装甲車輌だ。

ヴィゼントの開発は2008年より試作試験が開始され、2010年に一定の技術的成果を見た。

本車輌は四輪型、六輪型、八輪型、十輪型の装甲輸送車輌体系として開発が進められ、戦闘地域に隣接する競合地域における指揮通信や強行輸送、国際平和維持活動に際しての乗員の安全性確保を行う輸送任務に用いることも想定されている。車体部分はキャビン部分と動力区画が車体前半部に一体化されており、後部に輸送区画を配置している。

武装は12.7mm遠隔操作銃搭が搭載可能だ。車体部分は、一定の不整地突破能力を有する為、ローラントのような地対空ミサイルの自走システムや155mm榴弾砲の簡易自走砲などへの転用も可能だ。なお、兵員輸送に用いた場合完全武装12名の輸送が可能だ。

機動力では105km/hで最大700kmを走破する他、各車輪が独立懸架装置を有しており、不整地突破能力は1.8m、渡渉能力を有する。また、空虚重量であればC-130HやA-400M輸送機での空輸も可能で、緊急展開に対応する。

防御力はIEDに代表される爆発物や機関銃弾からの防護を意識し、7.62mm機銃弾の直撃や8kgの対戦車地雷に触雷した場合でも乗員区画は防護されるほか、NBC防護能力もありている。

なお、車体部分には更に増加装甲の装着を行い防御力を高める事も可能とのこと。

車輌の防弾化と輸送能力は費用対効果が難しい。

GFF4プログラムでは競合のGFF4デモンストレーター(p.92)と争っているが、まだ決定は下されていない。

データ

戦闘重量	26,000 kg
全長	7.75 m
全幅	2.55 m
車体上高	3.05 m
出力重量比	16.53 hp/t
主機関	MAN D2066
同出力	434 hp
トランスミッション	7速オートマチック
路上最高速度	105 km/h
路上航続距離	700 km
乗員	2+10 (兵員輸送時) 名

AMPV

GERMANY

(ドイツ)

AMPV（Armoured Multipurpose Vehicle）は、ドイツのラインメタル社とクラウス・マッファイ・ヴェクマン社が共同開発している4×4装輪装甲車である。総重量7.3t級のAMPV1と、同じく9.3t級のAMPV2があり、同じ基盤技術を使い、コンポーネントをできるだけ共通化することになっている。両方とも、比較的コンパクトにまとめている点が特徴といえる。

両社がAMPVの共同開発について発表したのは2009年9月のことだが、この時点でプロトタイプは完成、ドイツ軍による評価試験も始めるとして

(S. Kiyotani)

いた。その後、2010年のユーロサトリにAMPV2を出展した時点では4輌が社内試験中だった。計画発表の時点では2011年から量産を始めるとしていたが、その後に量産を開始したとの報には接していない。

AMPVはもともと、ドイツ陸軍のGFF（Geschützte Führungs und Funktionsfahrzeuge）計画のうち、クラス1とクラス2に対応する車輌として開発したもの。ただしGFFクラス1はモワグ社のイーグルを採用することになったので、現在のターゲットはクラス2となり、これにAMPV2が対応する。そのため、開発はAMPV2の方が先行しており、後回しになったAMPV1の詳細な諸元は、まだ不明である。

AMPV1は連絡・パトロール用で、CH-53Gの機内に収容して空輸できるサイズに収めたが、小型にまとめた分だけ用途が限られるだろう。より大型のAMPV2は、その分だけ車内のスペースや搭載量に余裕があり、パトロール用以外にもさ

まざまな派生型を実現する構想になっている。

AMPV1とAMPV2のいずれも、任務様態に応じた仕様の変更が可能で、屋根上には機関銃などの塔載が可能。遠隔操作式ウェポン・ステーションFLW100、ないしはFLW200を搭載するとの情報もある。足回りでは独立懸架式サスペンションを使用するが、これは悪路の走破性と、その際の乗り心地の向上を企図したものであろう。トンあたり出力は29.2hpもあるから、かなりの性能を期待できそうだ。メーカーでは、機動性の高さも生存性の向上につながるとしている。

乗員区画を独立した鋼製の「セル」とするほか、内側にスポールライナーを設置するのも、最近の耐地雷装甲車ではポピュラーな方式だ。また、装甲防御には複合材料も併用すると伝えられる。強化構造の床に装甲防禦を施したり、必要に応じて増加装甲を追加できるようにしたりといった設計は、アフガニスタンにおける経験を反映させた、地雷・IED対策であろう。

ただし、装甲防御の内容は用途によって相違があり、たとえば汎用型では後部の貨物搭載スペースについて床面装甲を省略するとの情報がある。その分だけ軽量化できてペイロード増加につながる。また、最初に登場するパトロール型も、後部床面の装甲を省いているようだ。対して、ミッション・モジュール・キャリアは床面の装甲を後部まで拡張する形になる。

AMPVはドイツに加えて、M113の後継を必要としている米陸軍も売り込みのターゲットにしている。この米陸軍のM113後継計画もAMPVというので、混同しないように注意が必要だ。

データ（AMPV2）

戦闘重量	9,300 kg
全長	5.36 m
全幅	2.27 m
全高	2.19 m
出力重量比	29.2 hp/t
路上最大速度	110 km/h
路上航続距離	700 km
登坂力	70 %
旋回半径	7.5 m
主機関	3.2 L ディーゼル
出力	272 hp
ギアボックス	AT
主武装	12.7 mm 機関銃、40 mm 擲弾発射器、または FLW100/200
乗員	4 名
ペイロード	2,000 ～ 2,600 kg

GFF4デモンストレーター

(ドイツ)

GERMANY

GFF4デモンストレーターはドイツ陸軍のGFF4(次世代指揮通信車輛)の候補として開発された車輛で、旧称はグリズリー、現在ドイツ軍が運用する12・5tのディンゴ防弾車輛と33tという重厚なボクサー重装輪装甲車の中間を担う装甲車輛として開発が進められた。

開発は連邦軍の要請により2007年より開始され、軽量型GFF1、汎用型GFF2、中型GFF3と共に開発が進められた。試作車輛は2008年に完成し、連邦軍へ同年内に評価試験用車輛が納入、この結果250輛程度の導入が求められた。

本車は輸送車輛としては3tの貨物を輸送可能だ。イベコ・ディフェンス・ビークル社のトラック、トラックのシャーシを流用しており、乗員2名に加え、兵員10名を輸送可能である。武装として基本装備にFL-200遠隔操作式銃搭と12・7mm重機関銃、もしくは40mm自動擲弾銃の搭載が行われており、一定の戦闘能力を有する。

機動力は90km/hと標準に近い程度の水準といえよう。一方で戦略機動能力については、本車は車体重量が25tと大きいため、現在のC-160輸送機や世界で広範囲に使用されているC-130輸送機での輸送は基本的に不可能で、A-400輸送機でなければ輸送することが出来ない。

防御力はクラス4で、丸みを帯びた車体形状が側面を含めた方向からの防御に重点を置いている。特に衝突に対する防御が想定され、操縦席は車体基部よりも後部にある為転落においても圧潰から防護されるほか、車体横転時にも乗員区画では着席していた場合に完全な安全が確保される。

派生型としては装甲救急車やパトロール車などが予定されている。

データ

戦闘重量	25,000 kg
全長	7.6 m
全幅	2.53 m
車体上高	3.08 m
出力重量比	18 hp/t
主機関	イヴェコ社製ディーゼル
同出力	450 hp
トランスミッション	未発表
路上最高速度	90 km/h
路上航続距離	700~800 km
乗員	2+10 (兵員輸送時) 名

第5章
ロシア・ウクライナ

BTR-80

RUSSIA

（ロシア）

BTR-80は旧ソ連・ロシアを代表する装輪装甲兵員輸送車だ。

BTR-60 以来数々の改良・開発を経て生み出されてきたBTR-80

旧ソ連が最初に開発した、本格的な最初の装輪装甲兵員輸送車であるBTR-60は、1959年に最初に採用されて1976年まで生産された車体で、初期はオープントップだったが、後に天井が密閉されるとともに機関砲塔が装備され、このシリーズのデザインを決定した。

続くBTR-70は、1972年に採用され1976年から生産が始められたが、基本的なレイアウトはBTR-60の後期型と変わらず、エンジン出力の強化と乗員ハッチの追加といった改良が行なわれている。なお、BTR-60の最後期から機関砲の仰角が引き上げられているが、これは対空射撃を考慮したものだ。

BTR-80もBTR-70の改良型で、1984年から生産が始められた。製造はBTR-60/70と同じく、アルザマス自動車工場（GAZ）で行なわれている。

主な改良点はエンジンの変更で、BTR-60/70が120hpのガソリン・エンジンを2基搭載していたのに対し、BTR-80は燃費が良く火災の危険性の少ない、240hpのディーゼル・エンジンが採用されている。

またBTR-70で追加された、車体側面の乗降用ハッチが大型化されている。兵員室天井もかさ上げされ、わずかながら居住スペースが大きくなっている。さらに機関砲の仰角がさらに引き上げられたほか、砲塔後面に発煙弾発射機が装備されている。

BTR-80の構造

BTR-80は8×8の装輪式の

BTR-80 APC 2面図
4400
7650
2410
2900
240

94

装甲車で水陸両用性を持つ。車体は全溶接された装甲鋼板製で、傾斜面によって構成された箱型をしているが、車体下部は水上航行のために船型をしている。

車体デザインは、西側も含めたこの種の装甲車輛の典型的なもので、装甲厚は明らかにされていないが、中距離での機関銃弾や近距離でのライフル弾の直撃、砲弾片には耐えられるものと見られる。

車体内部の配置は前方から操縦室、砲塔が配置された戦闘室、兵員室、最後部がエンジン室となっている。

BTR-60/70シリーズの最大の欠点は、最後部がエンジン室になっているため車体後部に乗降用ハッチを設けることができないことだ。これは敵弾飛び交う最前線での乗降に不便なのだが、これは基本車体設計をやり直さない限りどうすることもできず、BTR-80でも改められていない。人員は車体前部の操縦室2名(左側に操縦士、右側に車長)、後部兵員室に左右4名ずつ、計8名の歩兵が背中合わせに外側を向いて座る。また、戦闘時には砲塔内に砲手が搭乗する。

この種の車輌の常として、BTR-80には多数のバリエーション指揮・通信型や化学防護・偵察型、装甲救急車、上部の砲塔を大型化して外装式に2A72 30mm機関砲を装備したBTR-80Aがある。さらに心理戦、暴徒鎮圧用にラウドスピーカーを装備したタイプもある。2009年には対地雷防御能力の強化や、GLONASS端末や暗視装置を追加し、パワー・プラントを300hpのディーゼル・エンジンに変更したBTR-82Sが登場し、ロシア陸軍に採用されている。

BTR-80シリーズは旧ソ連圏諸国と旧東欧圏はもちろんのこと、アジア、中東、アフリカ、南米にも広く独自の改良と生産が行なわれており、こちらも8カ国に輸出されている。

IFORに参加したロシア軍のBTR-80

データ(BTR-80)

戦闘重量	13,600kg
全長	7.65 m
全幅	2.9 m
全高	2.46 m
底面高	0.475 m
出力重量比	19.1 hp/t
路上最高速度	90 km/h
路上航続距離	600 km
超堤高	0.5 m
超壕幅	2 m
登坂力	60 %
転851限界	42 %
旋回半径	13.2 m
主機関	V-8KamAZ-7403 ターボチャージドディーゼル
出力	240hp
ギアボックス	マニュアル前進5段後進1段
懸架装置	トーションバー
主武装	14.5 m 機関砲 ×1
乗員	10名

BTR-90

RUSSIA

（ロシア）

BTR-90は、旧ソ連／ロシアが第二次世界大戦後一環して積極的に開発、配備して来た装輪装甲兵員輸送車シリーズの最新型である。1993年にアルザマス機械製造所で開発が始められ、1994年にGAZでプロトタイプが公開されている。全体的なイメージは前作のBTR-80に似ているが、完全に新設計の車体である。

車体はBTR-80と同じ基本ラインではあるが、全体的にすっきりしたラインとなっている。車体で目立つのは前方操縦室の大型視察窓がなくなったことで、これにより防御力がアップしている。なお視察はペリスコープのみとなっているが、操縦手は上部のハッチから頭を出して操縦できるので不自由はない。車体下部がV字型になっているのは、近年この種車輌にとって最大の脅威となって来た地雷の爆風を逃す工夫だ。

武装はBMP-2のものをベースに開発された2人用の大型砲塔が搭載されており、2A42 30mm機関砲とPKT機関銃、さらに9K111または9K113対戦車ミサイル発射機という重武装となっている。後部の兵員室には6人が収容される。乗降はBTR-80同様車体左右のハッチか、車体上部のハッチから行なう。

BTR-90は2004年までロシア陸軍で運用試験が行なわれ、結果は良好だったようだが、採用には至っていない。また、開発当初から想定されていた輸出に関しても、今のところ採用国は現れていない。

2人用30mm機関砲砲塔を持つBTR-90

データ

戦闘重量	17,200 kg
全長	7.64 m
全高	2.975 m
出力重量比	29 hp/t
路上最高速度	90 km/h
路上航続距離	500～600 km
主機関	ディーゼル出力500 hp
ギアボックス	マニュアル
懸架装置	トーションバー
主武装	30 mm機関砲×1
乗員	10名

GAZ2975 タイガー

(ロシア)

GAZ-2975「タイガー」(Tigr) は、ロシアの自動車メーカーであるGAZ社が開発した4×4の汎用車輌、GAZ-2330を装甲化した偵察・護衛車輌だ。

タイガーの存在が明らかになったのは、2001年に開催された兵器展示会IDEXのことで、その後2002年に試作車が完成、2004年から低率初期生産が開始され、2005年からロシア陸軍に引渡しが開始されている。

車体の防御力に関しては明らかにされていないが、小銃弾程度の直撃には耐えられるものと見られている。武装は7.62㎜または12.7㎜機関銃、40㎜グレネード・ランチャーなどを装備できる。

ロシア陸軍向けの車体はパワー・プラントに国産のGAZ-562ディーゼル・エンジンを採用しているが、輸出向けの車体に関しては、GAZ-562だけでなく、より強力なカミンズ社製のB180またはB215も選択可能となっている。トランスミッションは前進5段、後進1段もマニュアル・トランスミッション(輸出型はオートマチックも選択可能)、サスペンションは独立懸架式を採用するなど、足回りはオーソドックスにまとめられているが、速度性能は高く、路上最大速度はエンジンによって差はあるものの、125km/hから140km/hに達する。

タイガーはロシア陸軍のほか、アルメニア、ギニア、ニカラグアに採用されており、中国でも警察向けにノックダウン生産が行なわれている。また、ブラジルとインドもテストのため少数を導入している。

(S. Kiyotani)

データ

戦闘重量	5,500 kg
全長	5.70 m
全幅	2.20 m
全高	2.40 m
路上最大速度	125～140 km/h
主機関	GAZ-562 またはカミンズ B180、カミンズ B215
出力	205 hp (カミンズ B215)
主武装	機関銃、グレネード・ランチャーなど
乗員	2 (+4) 名

GAZ-3937

(ロシア)

RUSSIA

GAZ-3937はロシアのGAZ（Gorkovsky Avtomobilny Zavod）社が開発した軽装甲兵員輸送車輌で、軍、法執行活動等多数の任務に適応できることが宣伝されている。ロシア連軍向けに製作されたのではなく、当初輸出を狙ってプライベート・ベンチャーで開発したもので、ソ連の崩壊で仕事を失った、軍用車輌メーカーの生き残り策の産物と言えよう。

GAZ-3937の最初のプロトタイプを使用した試験は1999年に行われ、その後数輌が製造されている。

GAZ-3937はGAZ社の一部門となっている、アルザマス機械製作所が開発した装輪装甲車GAZ-2330のコンポーネントが流用されており、浮航能力も持つ。GAZ-3937はシャシーと一体化したモノコック構造の装甲ボディではなく、前後別のモジュラー構造を採用している。これにより任務に応じた多様な車体構成を選べることが、GAZ-3937の売りとなっている。

バリエーションとしては、BTR-80と同じターレットを搭載したGAZ-3937-10装甲車、同じ砲塔を搭載した治安維持用のGAZ-3937IS、偵察車輌のGAZ-3937Siam、120mm迫撃砲搭載型などがある。GAZ-3937はゲームなどに登場するため知名度は高いが、現時点で採用国は現れていない。

操縦室が車体左側に寄せられたGAZ-3937

冷戦後にプライベート・ベンチャーで開発された輸出向けのGAZ-39371

データ

戦闘重量	6,600〜7,000 kg
全長	5.1 m
全高	2.3 m
出力重量比	23〜33 hp/t
路上最高速度	120〜140 km/h
路上航続距離	1000 km
主機関	GAZ-5423 5気筒ターボチャージドディーゼルエンジン
出力	175 hp
乗員	11名

NONA-SVK

(ロシア)

NONA-SVKは2S23とも呼ばれ、1990年から部隊配備が開始された装輪自走砲だ。装軌式のBMD空挺戦闘車車体を流用した2S9と呼ばれる車体があり、コンセプト、設計のかなりの部分がNONA-SVKに流用されているようだ。

NONA-SVKは装輪装甲車BTR-80をベースに開発された車輌で、BTR-80の機関銃塔に代えて2A60直射/迫撃砲を砲塔式に搭載しており、このため重量は原型のBTR-80より1tほど増加している。また、BTR-80と同様にNBC防護能力も備えている。

砲塔は全周旋回式では無く、左右に35度の限定旋回式である。武装は120mm後装式迫撃砲で、低初速低圧の迫撃砲であるため砲弾は肉薄で、炸薬量が152mm砲の3.9kgに対して5kgもあり、120mm砲で152mm砲なみの威力があるとされる。

半自動装填式で毎分8〜10発の発射速度を持つ。弾種は通常榴弾の他、HEAT弾も用意されていて、限定的ながら対戦車能力も持つ。

携行弾数は30発で、このうち4発がHEAT弾である。射程は通常弾で8,850m、ロケット補助弾で12,850m、HEAT弾の直接照準射撃は80mとなっている。

NONA-SVKはロシア陸軍のほか、ベネズエラにも少数が採用されている。

BTR-80の車体に2A60迫撃砲を組み合わせたNONA-SVK

データ

戦闘重量	14,500 kg
全長	7.4 m
全高	2.495 m
出力重量比	17.93 hp/t
路上最高速度	80 km/h
路上航続距離	500 km
主機関	V-8水冷ディーゼルエンジン
出力	260 hp
ギアボックス	前進5段後進1段マニュアル
主武装	120mm迫撃砲×1
乗員	4名

BRDM-2

（ロシア）

BRDM-2装輪装甲車は、旧ソ連が開発した小型の偵察装甲車である。BRDMとはロシア語で装甲偵察警戒車輌を意味し、機械化部隊の目となって活動するのが主任務である。1962年にゴーリキ自動車工場のデードコフ設計局で開発が始められ、1966年に配備が開始された。その後1980年代終わりまでに輸出も含めて2万輌近くが生産された。

旧ソ連では1958年に初代BRDMが開発されたが、この車体が乗用車型の配置だったのに対して、BRDM-2ではエンジンを後部に配置された初めから装甲車用に設計された車体を使用しており、より理想的な設計が可能となった。戦闘室は完全密閉式で、全周にわたって装甲防御力が可能となった。武装は14.5mm機関銃と7.62mm機関銃が、全周旋回式の小型ターレットに装備されている。

走行装置は4×4だが、前後のタイヤの間に昇降式のチェーン駆動の小型タイヤが左右2個ずつあり、不整地走行時などに威力を発揮する。水陸両用で水上では車体後部に備えたウォーター・ジェットで推進する。

バリエーションには、NBC戦車輌、指揮車、各種対戦車ミサイル搭載の戦車駆逐車、対空ミサイルなどがある。

BRDM-2はチェコなど一部の東欧諸国では退役しているが、多くの車輌が現在もロシアをはじめとする40ヵ国以上で運用されている。

前後のタイヤ間に昇降式の車輪が装備されている（AlfvanBeem）

データ

戦闘重量	7,000 kg
全長	5.75 m
全高	2.31 m
出力重量比	20 hp/t
路上最高速度	100 km/h
路上航続距離	750 km
主機関	GAZ-41V-8 水冷ガソリンエンジン
出力	140 hp
ギアボックス	前進4段後進1段マニュアル
懸架方式	セミ楕円形スプリング
主武装	14.5mm 機関銃×1
乗員	4名

BTR-4

(ウクライナ)

ソ連崩壊後、独立国となったウクライナは兵器を主要な輸出品としており、旧ソ連時代に設立されたモロゾフ設計局は、現在も多数の装甲車輌を開発・生産している。そのモロゾフ設計局が開発した最も新しい8×8装輪装甲車がBTR-4だ。

モロゾフ設計局が開発した装輪装甲車のBTR-3とBTR-94は、原型のBTR-80のレイアウトをそのまま踏襲しているため、機関室は車体の最後部に置かれていたが、BTR-4では機関室を車体の中央に置き、これに伴い車体側面の乗降用ハッチが廃止されるなど、趣の異なる車輌となっている。パワー・プラントはBTR-3より高出力の国産ディーゼルエンジン（500hp）だが、ドイツDeutz社製エンジン（598hp）の搭載も可能だ。

武装は砲塔に30mm機関砲、7.62mm機銃、さらに9M113「コンクルス」対戦車ミサイルまたは30mmグレネード・ランチャーを装備しており、またスモーク・ディスチャージャーも装備している。

モロゾフ設計局が過去に開発した装輪装甲車と同様、BTR-4もファミリー化が図られており、指揮通信車型、自走120mm迫撃砲型、装甲回収車型、装甲救急車型などもラインナップされている。

開発国のウクライナは92輌の調達を決定、すでに10輌以上が調達されている。また、新生イラク陸軍から420輌、カザフスタンから100輌の発注を受けている。

データ （BTR-4）

戦闘重量	19,800 kg（増加装甲装着時 26,000 kg）
全長	7.76 m
全幅	2.93 m
全高	3.20 m
路上最大速度	110 km/h
路上航続距離	690 km
主機関	Deutz 3TD
出力	500 hp
武装	30 mm機関砲×1、7.62 mm機銃×1、30 mmグレネード・ランチャー×1 または対戦車ミサイル×2〜4
乗員	3名+兵員9名

BTR-3U

UKRAINE

（ウクライナ）

旧ソ連時代、装甲車輌の開発で中心的な役割を果たしたウクライナのモロゾフ設計局は、ソ連崩壊後もソ連時代に開発した車輌のアップデートを手がけて、存在感を示し続けている。そのモロゾフ設計局がUAEの依頼を受けて、BTR-80Aの発展型のBTR-94をベースに開発した8×8装甲車輌がBTR-3Uだ。

本車は原型であるBTR-80Aと同様、溶接鋼板製のボディを持ち、また車内レイアウトもBTR-80Aを踏襲しているが、収容できる兵員の数はBTR-80Aより1名少ない6名となっている。

BTR-80シリーズとBTR-3Uの最大の相違点はパワー・プラントで、本車はパワー不足が指摘されていたKamAZ-7403ディーゼル・エンジン（260hp）に換えて、よりパワフルで信頼性の高い、ドイツDeutz社製のターボ・チャージド・ディーゼルエンジンを採用している。

BTR-3Uは当初から輸出用として開発されており、開発を依頼したUAEをはじめ、ミャンマー、ナイジェリア、アゼルバイジャンなどに採用されている。

また、パワー・プラントを変更し、「シュトゥルム」砲塔に装備されているグレネード・ランチャーの口径を30mmから40mmに大口径化した、改良型のBTR-3E1がタイの陸海軍および海兵隊に240輌以上採用されており、その中には指揮通信車型や自走迫撃砲型、対戦車ミサイルを搭載した戦車駆逐車型などのバリエーションも含まれている。

輸出を想定して開発され、ドイツ製エンジンも採用した（Pibwl）

データ

戦闘重量	16,400 kg
全長	7.65 m
全幅	2.90 m
全高	2.80 m
路上最大速度	85 km/h
路上航続距離	600 km
主機関	DeutzAG ターボチャージド・ディーゼル
出力	326 hp
武装	30 mm 機関砲×1、7.62 mm 機銃×1、30 mm グレネード・ランチャー×1、対戦車ミサイル×2
乗員	3名＋兵員6名

102

DOZOR-B

UKRAINE

（ウクライナ）

DOZOR-Bは、ウクライナのモロゾフ設計局が緊急展開部隊や治安維持向けを想定して開発した、4×4の軽装輪装甲車だ。

車体は防弾鋼板製で、全周に渡って7.62mm弾の直撃に耐える防御力を持ち、また一定の対地雷防護力も持つ。必要に応じて増加装甲の装着も可能で、増加装甲の装着時には12.7mm弾の直撃に耐えられる。

DOZOR-Bは低強度紛争地域だけでなく、より脅威度の高い紛争地域での運用も想定されているため、NBC防護装置が標準で装備されているほか、赤外線の放出量を少なくするための工夫も施されている。また、乗員の疲労を軽減するためエアコンも標準装備されている。武装はリモコン・ウェポン・ステーションに機関銃を1挺装備できる。

パワー・プラントは122hpと136hpの4気筒ディーゼル・エンジン、197hpの6気筒ディーゼル・エンジンが選択できる。トランスミッションはマニュアル・トランスミッションが基本だが、197hpのディーゼル・エンジンを搭載するモデルに関しては、オートマチック・トランスミッションも選択できる。また、このタイプにはタイヤの空気圧自動調節装置も標準で装備される。

DOZOR-Bは当初からファミリー化を想定して設計されており、現在までに基本のAPC型のほか、NBC偵察車型、指揮通信車型、装甲救急車型、偵察車型などが提案されている。

データ

戦闘重量	7,800 kg
全長	5.40 m
全幅	2.40 m
全高	2.28 m
路上最大速度	100〜110 km/h
主機関	4気筒または6気筒ディーゼル・エンジン
出力	122〜197 hp
乗員	3 (+8) 名

BTR-94

（ウクライナ）

BTR-94は、旧ソ連時代から運用を続けてきたウクライナ軍のBTRシリーズを更新する目的で開発された、8×8の装輪装甲車だ。

開発費を抑えるため、車体そのものはBTR-80のものをそのまま流用しており、防御力や浮航能力などはBTR-80と変わらない。ただし武装は大幅に強化されており、BTR-80よりも大型の銃塔に、ZSU-23-2 23mm連装対空機関砲と7.62mm機銃を搭載している。

主武装に対空機関砲を選択したことが物語るように、BTR-94には自走対空砲としての役割も求められており、このためGR-1 33索敵レーダーが装備されている。なお、レーダーの捜索範囲は対空目標で30km、地上目標で20kmとされている。

パワー・プラントは当初、BTR-60およびBTR-70と同様にガソリン・エンジン2基の搭載が検討されていたが、最終的に量産型では300hpのディーゼル・エンジンに落ち着いている。

BTR-94は1999年にヨルダンに輸出されたが、この車体の一部はイラク戦争後にイラク治安部隊に譲渡されている。開発国であるウクライナもBTR-94を導入したが、同じモロゾフ設計局が開発したBTR-3、BTR-4に加え、ロシアからBTR-90も少数導入しており、BTR-94がウクライナ陸軍の主力となるのかは不透明な状況にある。

(S. Kiyotani)

データ

戦闘重量	13,600 kg
全長	7.65 m
全幅	2.90 m
全高	2.80 m
路上最大速度	85 km/h
路上航続距離	600 km
主機関	ディーゼル・エンジン
出力	300 hp
武装	23mm機関砲×2、7.62mm機銃×1
乗員	3名+兵員10名

第6章
中 欧

1970年代のDANA自走野砲の主砲を155mm化したズザナ

ズザナ
（スロバキア）

ZTS155mm自走カノン榴弾砲ズザナ（ZUZANA）は、スロバキアのZTS社が開発した装輪自走砲である。

ズザナは国産の8×8トラックをベースとしており、シャーシ上の前部に操縦室、中央部に戦闘室／砲塔、後部のエンジン室が設置されている。各部分とも小火器弾と弾片防御程度の軽装甲を持ち、完全密閉構造でNBC防御能力を保持している。タイヤには空気圧調整装置も備えられ、不整地行動能力も高い。さすがに装軌車には劣るだろうが、高速性能と大きい航続距離は、それを補ってあまりある魅力だろう。

砲塔は旋回可能だが全周旋回式ではなく、左右60度づつの限定旋回である。真横に向かっては射撃できないが、実用上さほど問題とはならないだろう。主砲となったのは新しく開発された45口径155mmカノン榴弾砲である。この砲は長射程弾を使用すると、39.6kmという射程距離を得ることができる。52口径型も試作された。

弾薬はラマー式の自動装填装置によって装填され、最大30分に30発を発射可能という高い持続発射速度を持つ。弾薬搭載数は60発で榴弾のほかHEAT弾も用意されており、一定の対戦車戦闘能力を有する。

ズザナは国際市場への売り込みが図られているが、キプロス以外は採用はなく、現時点での採用国はスロバキアとキプロスのみにとどまっている。

データ	
戦闘重量	28,600 kg
全長	12.97 m
車体長	8.87 m
全幅	3.015 m
全高	3.525 m
底面高	0.41 m
路上最大速度	80 km/h
路上航続距離	750 km
渉渡水深	1.4 m
超堤高	0.6 m
超壕幅	2 m
登坂力	58 %
転覆限界	30 %
旋回半径	12.8 m
主機関	タトラ 9-930-52 V-12 空冷ディーゼル 361hp
トランスミッション	デュアルレンジ5速オーバードライブ機構つき前進20段後進4段
最大出力	355 hp
主武装	155 mm 砲×1
副武装	12.7 mm 機関銃×1
乗員	4名

タトラパン

（スロバキア）

SLOVAKIA

タトラパンはスロバキアのPSD社（現VÝVOJ Martin, a.s.社）がプライベート・ベンチャーとして開発した、装甲全地形走破車輌である。

タトラパンは各部がモジュラー化されており、同じ車体に多様なモジュールを搭載して、必要な車体を造ることができる。基本車体はトレーラーの牽引トラックに似ており、シャーシに装甲化された操縦室と燃料タンクが取り付けられている。

装甲防御力はこの種の車輌としては標準的な、小銃弾と砲弾の弾片程度を防ぐレベルである。両サイドに前開きの一枚ドア、前面と両サイドドアに視察窓があり、視察窓には装甲シャッターが取り付けられている。また、ドアの後方にはピストルポートが設けられているほか、上面のハッチには対空対地用の7.62mm PKT機関銃が装備されている。

車体後方は剥き出しで、そこに様々なコンポーネントが搭載される。搭載できるコンポーネントの最大重量は11.07tで、これだけの能力があれば、相当多様なコンポーネントが搭載可能である。

兵員輸送型モジュールの装甲ボディは、後部に左側一枚開きのハッチ、左右の中央下部、上面にも3つのハッチがある。後部のハッチはBMP-1から流用したものといわれ、ピストルポートが備えられている。上面には対空対地用の12.7mm NSV機関銃が装備される。

メーカーは兵員輸送車型を含め13種類のモジュールを発表したが、実際に開発されたのは兵員輸送車型と装甲救急車型、指揮通信車型の3種類に過ぎず、採用国もスロバキアとギリシャの2ヵ国にとどまっている。

データ

戦闘重量	20,600 kg
全長	8.46 m
全幅	2.5 m
全高	2.75 m
底面高	0.39 m
出力重量比	17.23 hp/t
路上最高速度	70 km/h
路上航続距離	850 km
渉水深	1.4 m
超堤高	0.6 m
超壕幅	1.1 m
登坂力	60 %
転覆限界	40 %
旋回半径	12.5 m
主機関	V-12 空冷スーパーチャージドディーゼル タトラ T 3-930-51
ギアボックス	マニュアル前進20段後進4段
最大出力	355 hp
懸架方式前輪	リーフスプリング後輪空気バネ
主武装	12.7 mm 機関銃×1
副武装	7.62 mm 機関銃
乗員	2名

アリゲーター

SLOVAKIA

（スロバキア）

アリゲーターはスロバキアのZTS（現Karametal）社が、スロバキア軍への売り込みと輸出をねらって、プライベート・ベンチャーで開発した小型装輪装甲車だ。

車体は防弾鋼板の溶接構造で、7．62㎜弾と弾片防御程度の全周装甲が施されている。車体下面は二重構造となっており、対地雷防御が図られている。パワー・プラントはDeutz社製の水冷ディーゼル・エンジンで、レンク社製のオートマチック・トランスミッションが組み合わされている。なおこのトランスミッションは、緊急時にはマニュアル操作も可能である。

車長ハッチには背の低いキューポラが設けられており、前部には7・62㎜～12・7㎜機関砲程度が装備でき、20㎜機関砲程度も搭載可能だとされる。車体後部は兵員および荷物の収容スペースとなっており、兵員なら4名程度が収容できる。

兵員室上面にはハッチがあり、後面には兵員の乗降および荷物の積み降ろし用の大型ドアが備えられている。ドアは左側に開き、ドア上には視察窓とピストルポートも備えられている。同じく側面にも視察窓とピストルポートがある。側面後上寄りには左右各3基の発煙弾発射筒が装備できる。

アリゲーターからは指揮通信車型や工兵車輌型など多くの派生型も開発されており、海外への積極的なセールスも行なわれているが、現時点でこの種の車輌の競合は激しく、現時点ではスロバキア陸軍に約100輌が採用されるにとどまっている。

(S. Kiyotani)

データ

戦闘重量	5,500 kg
全長	4.34 m
全幅	2.37 m
全高	1.95 m
路上最大速度	125 km/h
路上航続距離	600 km
登坂力	60 %
主機関	Deutz社製ディーゼル・エンジン
機関出力	189 hp
トランスミッション	レンクオートマチック 前進6段後進1段
主武装	12.7 mm 機関銃×1 または 7.62 mm 機関銃
乗員	1+5名

OT-64/SKOT

(旧チェコスロバキア/ポーランド)

THE FORMER CZECHOSLOVAKIA/POLAND

OT-64（ポーランド名SKOT）はチェコスロバキア（当時）とポーランドが共同で開発した8×8の装甲車だ。

開発および生産は、チェコスロバキアがエンジンやトランスミッションといった足回りを、ポーランドが車体と武装をそれぞれ担当している。

OT-64の開発にあたってはチェコスロバキアとポーランドが加盟していた、ワルシャワ条約機構の盟主であるソ連のBTR-60が参考にされており、車体の形状も相似している。しかしBTR-60が2基のガソリンエンジンを搭載していたのに対し、OT-64は最初からチェコスロバキアの自動車メーカー、タトラ社が開発したV型8気筒ディーゼル・エンジン（180hp）を搭載しており、整備性や被弾時の生存性に関しては、BTR-60を上回っている。

武装は当初、車体上面の7.62mm機銃のみだったが、後にソ連の12.7mm機関銃または12.7mm機関銃を搭載している砲塔を装備したことで、主武装は14.5mm機関銃に強化されている。ただ、その代償として収容人員は18名から10名に減少している。

OT-64は4,500輌以上が生産されたが、開発国のチェコとポーランドでは、近い将来後継車輌のパンデュールⅡ（チェコ）とAMV（ポーランド）と交代する形での退役が予定されている。しかし輸出先のアルジェリアやエジプト、スーダン、ウルグアイなどでは当面現役に留まるものと思われる。

OT-64とSKOTは両国で独自の進化を遂げ、チェコスロバキアでは指揮通信車型や戦車駆逐車型、ポーランドでも地雷敷設車型や自走対空砲型など、多くの派生車輌が開発されている。

大型だが、1万輌以上が生産され輸出にも成功したSKOT/OT-64

データ (OT-64A/SKOT2A)

戦闘重量	14,500 kg
全長	7.44 m
全幅	2.55 m
全高	2.71 m
出力重量比	12.4 hp/t
路上最大速度	94 km/h
路上航続距離	710 km
主機関	タトラ T928-14 水冷V型8気筒ディーゼル
出力	180 hp
主武装	14.5 mm 重機関銃
副武装	7.62 mm 機関銃
乗員	2 (+8) 名

BRDM-2VR

CZECH
（チェコ）

BRDM-2VRは、チェコのVOP26（軍修理工場026）が開発した、旧ソ連製BRDM-2偵察装甲車の改良発展型だ。

本車は単なる偵察車輌でなく、中隊レベルの機動指揮通信センターとなる車輌だからである。中隊長はBRDM-2VRを使用すれば、昼夜間にわたって停止中、移動中問わず、部隊の指揮を執る事ができる。発展改良型と言うよりも、むしろ派生型と評した方が適切かもしれない。

BRDM-2VRの車体の基本デザインはBRDM-2を踏襲しているものの、当然ながら多くの変更が盛り込まれている。

まず目立つのが操縦室前、前側面の大型ウィンドウで、軍用車輌にしては斬新な印象を与える。車体側面にドアが設けられていて、ずいぶん使い勝手が良くなった。BRDM-2には側面に特徴的な小車輪があったのだが、これを廃止したことでドアを設けることができた。

車体上には原型同様無人偵察機関銃塔が搭載されているが、この銃塔は無人偵察銃塔になっていて、偵察機材と機関銃が装備されており、車長によってコンピューター制御で操作される。偵察機材はCCDTV、赤外線映像装置、レーザー測距装置から構成されている。

外観のみならず偵察、通信、航法用の各機材も全面的に新型化されたBRDM-2VR
(S. Kiyotani)

データ

戦闘重量	8,000 kg
全長	5.845 m
全高	2.4 m
路上最大速度	101 km/h
航続距離	800 km
主機関	SAEターボチャージドディーゼル
乗員	4名

BRDM-2Mod97

（ポーランド）

POLAND

BRDM-2Mod97は旧ソ連が開発したBRDM-2を、ポーランドが独自に改良した装甲偵察車輌だ。

冷戦時代、ポーランドはBRDM-2を大量に導入したが、元が1960年代の車輌とあって次第に陳腐化を余儀なくされていた。そこでポーランドはエンジンの換装や搭載電子機器の更新など、BRDM-2へ段階的に近代化改修を重ねており、Mod97はその決定版とでも言うべき車体だ。Mod97という名称が物語るように、1997年に登場している。

改良作業はWZM社が担当しており、改良ポイントは武装の変更、強化と観察装置の改良、エンジンの換装などである。まず武装だが、これまでの14.5mm KPVT機関銃に代えて12.7mm NSTV機関銃が装備されるようになった。口径が小さくなった分火力は低下しているが、携行できる弾丸の数や補給の面などで、こちらの方が使い勝手がいいのだろう。エンジンはGAZ-41ガソリン・エンジンから、イベコ社製のディーゼル・エンジンに変更されている。

また、特徴的な胴体側面の小型車輪は廃止され、代わりに大型のドアが設けられている。ベトロニクスに関してはレーザー警戒装置やGPSナビゲーション・システムが装備されたほか。偵察機材も更新されている。

砲塔そのものも改良され、左右、後部に雑具箱が取り付けられたほか、発煙弾発射機も追加装備されている。さらにAT-4対戦車ミサイルの発射機も搭載し、対戦車能力も付与された。

砲塔の形状がオリジナルから大きく変化している

データ

戦闘重量	6,850 kg
全長	6.29 m
全高	2.31 m
路上最大速度	110 km/h
航続距離	690 km
主機関	IVECOディーゼル
乗員	5名

FUG／PSzH-IV

（ハンガリー）

HUNGARY

1950年代になってハンガリー国防軍は、BRDMに代わる国産装甲車の開発に着手した。

FUG（水陸両用偵察車輌）と呼ばれるこの国産装甲車は、1963年に制式化され1969年までに約3,000輌が生産されている。

FUGの車体は圧延装甲鋼板の溶接構造で、比較的スマートなフォルムを持っている。車体の装甲厚は最大で13mmで、当然だがそれほど強力なものではない。車輌固有の乗員は2名で、偵察員4名が同乗可能である。配置は車体前部の操縦室部分に左側操縦手、右側車長の2名、後ろの兵員室に4名である。

FUGの武装は非常に貧弱で、ルーフ上のピントルマウントにSGMB7.62mm機関銃が1挺装備されているだけである。

FUGの派生型として、1970年にハンガリー軍に採用されたのが、PSzH-IV（装甲兵員輸送車IV型）である。

車体は形状が変化しており、両側面にドアが追加されたほか、車体上にも14.5mm KPVT機関銃と7.62mm PKT機関銃を装備した小砲塔が装備され、またエンジンも換装されている。

PSzH-IVはチェコスロバキア、東ドイツ、ポーランド、イラクにも採用されたが、現在はすべて退役しており、ハンガリーでも予備保管状態に置かれている。

ソ連のBRDM-2よりも早く実用化したFUG装甲偵察車をベースに開発されたPSzH-IV装甲兵員輸送車。乗員の出入りは車体側面のドアから行われる

データ

戦闘重量	7,000 kg
全長	5.79 m
全高	1.91 m
路上最大速度	87 km/h
航続距離	600 km
機関	セペル D.414.444 サイクル水冷ディーゼル
機関出力	100 hp
トランスミッション	マニュアル前進5段後進1段
懸架方式	ヘリカルスプリング（フロント）／セミ楕円スプリング（リア）
乗員	6名

AM100

(ルーマニア)

ROMANIA

AM100はルーマニアが国内開発した乗用車型の軽装甲車輌で、軍用というよりは警察用の治安維持、暴動対策用の車体である。AM100はルーマニア国産のジープ型4WD車輛、ARO-240から開発されたABI装甲車をベースに開発されている。なおABIはフランスのパナール装甲車に似た小型装甲車で、ルーマニア陸軍では飛行場や後方要地警備用として運用されていた。

AM100の基本構造はABIと同じ乗用車式の装甲車体で、前側面に装甲カバーつきの視察口を持ち、車体両側面と後部に乗降用のドア、両側面3カ所、後部ドア2カ所にピストルポートがある。装甲防御力は7・62mm機関銃弾と弾片程度である。武装は車体上の機関銃塔が撤去されているが、上面の機関銃マウントに7・62mmPKMS機関銃が装備可能である。また、顧客の要望に応じて機関銃塔装備や対戦車火器の装備も可能とされている。

エンジンは原型のABIが搭載していたD-127ディーゼルエンジン（出力68hp）から、ブルガリア製のVAMO D3900Aディーゼルエンジン（出力82hp）に強化されており、機動力が向上している。AM100はルーマニア陸軍のほか、アルジェリアにも警備用車輛として採用されている。

後面から見たAM100（左上）
ルーマニア軍と治安警察部隊で使われているAM100。アルジェリアにも輸出されている

データ

戦闘重量	3,900 kg
全長	4.22 m
全高	2.36 m
路上最大速度	100 km/h
航続距離	600 km
機関	VAMO D3900A ディーゼル
機関出力	82.5hp
懸架方式	コイルスプリング（フロント）／リーフスプリング（リア）
乗員	6名

ABC79M

（ルーマニア）

ABC79Mはルーマニア軍が、1970年代末に国産化した装甲偵察車である。

もっともオリジナルとはいえ、実際にはBTR-70のコンポーネントが流用されており、デザインはルーマニアがライセンス権を購入し、その後改良を加えてTAB-70として国産化したBTR-70をそのまま小さくして4輪にしたようなシルエットをしている。

もともとは装甲兵員輸送車バージョンが原型であり、その装甲偵察車バージョンがABC79Mである。

ABC79Mには装甲兵員輸送車型に装備されていた銃塔はなく、車体上部に機関銃がそのまま装備されている。ただし機関銃塔は顧客の要求に応じて装備することも可能だ。偵察機材については不明だが、搭載スペースは十分確保できる。

乗員は操縦手、車長の2名の他に5名の偵察要員が乗車できる。乗降ハッチは前部の天井に2個、後部兵員室の天井と側面にそれぞれある。装甲防御力はこの種の車輌としては平均的な、7.62mm弾と弾片防御程度である。

ABC79Mには前述の装甲兵員輸送車以外に自走迫撃砲や観測車輌、化学戦車輌、対空車輌などのバリエーションがあり、海外へのセールスも積極的に行なわれているが、イスラエルが試験用に1輌導入した以外に成約はなく、ユーザーはルーマニア軍のみとなっている。

アフガニスタンに展開するルーマニア軍のABC-79

データ

戦闘重量	9,000 kg
全長	5.65 m
全高	2.34 m
路上最大速度	80 km/h
機関	SAVIE M798-05M2 ディーゼル
機関出力	154 hp
懸架方式	トーションバー
武装	7.62mm 機関銃1
乗員	7名

ROMANIA

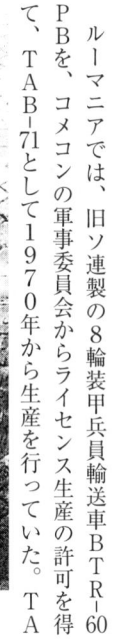

TABシリーズ
（ルーマニア）

ルーマニアでは、旧ソ連製の8輪装甲兵員輸送車BTR-60PBを、コメコンの軍事委員会からライセンス生産の許可を得て、TAB-71として1970年から生産を行っていた。TAB-71の改良型としてはTAB-71Mが造られ、さらに1970年代の終わりにBTR-70のライセンス生産型であるTAB-77と、その4×4バージョンであるTABC-79が制式化されている。

B-33はTAB-77シリーズに続く改良型で、1996年に公表されている。ベース車輌はBTR-80に変更されており、それに伴いパワー・プラントが132hpのディーゼル・エンジン2基から250hpのディーゼル・エンジン1基に変更されている。カタログデータ的な性能はそれほど変わっていないが、これによって信頼性、整備性等が向上しているはずだ。

武装はBTR-70と同じ14.5㎜機関銃と7.62㎜機関銃だが、機関銃塔はTAB-71M以来の銃塔左側にやや大型の照準サイトがあるルーマニアオリジナルの銃塔が搭載されている。なおこの銃塔に関しては、顧客の要求に応じて小型、中型銃塔も搭載可能とされるが、具体的にどういうものかは明らかにされていない。

TABシリーズからはB-33以降も、トルコと共同で開発したRN-94、8×8型のSaurなどが登場しているが、RN-94がバングラディッシュ陸軍に少数採用されただけにとどまっている。

ルーマニア版のBTR-80 とでも言うべきB-33APC

データ　（B-33）	
戦闘重量	14,000 kg
全長	7.65 m
全高	2.35 m
路上最大速度	80 km/h
機関	1240-V8 ディーゼル
機関出力	250 hp
ギアボックス	マニュアル
懸架方式	トーションバー
武装	14.5㎜ 機関銃×1
乗員	11名

LOVシリーズ

CROATIA（クロアチア）

24連装型128mmロケット弾発射機を搭載したLOV-RAK

LOVシリーズは、旧ユーゴスラビアから分離独立したクロアチアが国産開発した装甲兵員輸送車である。

LOVは4×4のトラックシャーシにフランスのVABに似た装甲車体が搭載されている。装甲防御力は30mからの5.56mmおよび7.62mm徹甲弾、40m距離からの榴弾弾片、対人地雷に抗堪するというもので、一部のタイプは、より強力な地雷に耐えられるよう追加の装甲板が増着されている。

エンジンはドイッチェディーゼル・エンジンとZFマニュアルトランスミッションが一体でパワーパック化されており、操縦手、車長席足元と中央に配置されている。

車内配置は前部が操縦室、後部が兵員室という一般的なもので、兵員室には10名の兵員が収容される。乗降用には後面と上面にそれぞれ2枚の大型ハッチが設けられている。後部ドア左側と兵員室側面にはピストルポートが用意されている。武装はそれほど強力ではなく、12.7mm機関銃が装備されているだけだ。

LOVでは開発当初からファミリー化が考えられており、基本の兵員輸送型のLOV-OPに加えて、偵察型のLOV-ZV、指揮車型のLOV-Z、NBC車輌のLOV-ABK、電子戦車輌のLOV-ED、さらに後部をフラットにしたプラットフォーム上に全周旋回式の24連装128mmロケットランチャーを搭載した自走ロケットランチャーLOV-RAK、砲兵指揮車輌のLOV-UPなどが開発されている。

LOVシリーズはクロアチア陸軍に採用されているが、輸出市場ではAMVなどの強力なライバルが存在しているためもあって振るわず、現時点でLOVを採用した国は現れていない。

データ

戦闘重量	8,200 kg
全長	5.89 m
全幅	2.39 m
全高	2.1 m
底面高	0.315 m
出力重量比	15.85 hp/t
路上最高速度	100～120 km/h
路上航続距離	500～700 km
渡渉水深	1.0 m
超堤高	0.5 m
登坂力	65 %
転覆限界	35 %
接近/発進角	40°/40°
旋回半径	13 m
主機関	ドイッチェ BT6L912S ターボチャージドディーゼル
トランスミッション	ZF マニュアル Z5-35S 前進5段後進1段
最大出力	130 hp
懸架方式	リーフスプリング
主武装	12.7mm 機関銃×1
乗員	12名

SERBIA

ラザーBTR-8808-SR（セルビア）

(S. Kiyotani)

ラザーMACV (MultiRole Armoured Combat Vehicle) は、セルビアで兵器の開発および輸出入を担当するユーゴインポートーSDPR社の主導により開発された、8×8の対地雷装甲車だ。正式名称はBTR-8808-SRである。

車体はモジュラー装甲が採用されており、通常の状態でもNATO共通の装甲車輌の防御規格、STANAG4569のレベル3に達しているが、モジュラー装甲の交換により、レベル4～5+にまで強化することが可能となっており、対ロケット弾対策として、爆発反応装甲を装着することもできる。車体底部はV字型構造を採用しており、相応の対地雷防御力を持つと思われるが、防御レベルは公表されていない。

兵員室には10名までの兵員が収容可能で、大型のビジョン・ブロックと、小型のビジョン・ブロック付きのガン・ポートが左右各5ヵ所に設けられている。

パワー・プラントのメーカーは公表されていないが、400～440hpのディーゼル・エンジンを選択可能となっている。

2012年夏に開催されたセルビアの兵器見本市に展示された車体には、12.7mmと7.62mm機銃、スモーク・ディスチャージャーを組み合わせたリモコン・ウェポン・ステーションが搭載されていたが、このほかにも20mm機関砲や対戦車ミサイルなど、顧客の要望に応じた武装が搭載できる。また、エアコンやGPSナビゲーション・システム、各種センサーなどもオプションとして用意されている。

BVTに対しては2009年にイラクが20輌を調達する意向を示したが、その後交渉が難航しており、2012年の時点でも正式な契約には至っていない。

データ

戦闘重量	16,300 kg (最大 28,000 kg)
全長	7.25 m
全幅	不明
全高	2.45 m
路上最大速度	90 km/h
路上航続距離	600 km
登坂力	60％
主機関	ディーゼル・エンジン
出力	400～440 hp (選択可能)
主武装	リモコン・ウェポン・ステーション、20mm機銃、対戦車ミサイルなど
乗員	2 (+10) 名

ノラB／52K-1（M-03）

(セルビア)

SERBIA

ノラB／52はセルビア（旧ユーゴスラビア）が脈々と開発を続けてきたノラ自走砲シリーズの最新バージョンだ。B／52K-1はソフトスキンのB／52を装甲化したモデルで、M03と表記されることもある。

ソフトスキンのB/52 (Kos93)

シャーシは8×8のトラックのものが流用されており、その上に装甲化されたキャビンと砲塔が搭載されている。砲塔の前部右には車長席、左に砲手席がレイアウトされ、その後方に装填手席が設けられている。

装甲のレベルはキャビンと燃料タンク、砲塔がNATOの標準防御規格、STANAG4569のレベル2、その他の部分がレベル1となっている。また、地雷に対する防護力も、STANAG4569のレベル2A～2Bを確保している。なお、ユーザーの要求に応じて、部分的な装甲を施したモデルや、非装甲モデルの供給も可能とされている。

搭載している砲はNATO標準の52口径155㎜砲で、射撃時には4ヵ所の駐鋤によって車体を固定する。砲の俯仰角は-5°

装甲型のB/52 K-1 (S. Kiyotani)

118

～+65度、最大射程はボートテイル弾を用いた場合32.3km、ベースブリード弾を用いた場合は41.2kmに達する。

砲弾の装填はセミ・オートマチック方式で、砲塔には24発の砲弾が搭載されている。

砲弾の装薬はNATO標準のモジュラーチャージも使用できるが、メーカーではセルビアで標準となっているユニチャージを推奨している。

砲システムは油圧駆動式だが、搭載している射撃統制装置などを停車中に使用するためのAPU（補助動力装置）も装備されている。

副武装として助手席のルーフに7.62mmまたは12.7mm機銃が搭載でき、オプションでリモコン・ウェポン・ステーションの装備も可能とされている。

パワー・プラントは410hpのターボチャージド・ディーゼルエンジンが採用されており、路上最大速度は90km/h、路外でも最大速度は15km/hに達する。

ノラB／52K-1は通常6輌で1個中隊を編成しており、各車輌のGPSを用いたナビゲーションシステムと射撃システムは、ネットワーク化されている。

(S. Kiyotani)

データ	
戦闘重量	34,000 kg
全長	11 m
全幅	2.95 m
全高	3.45 m
路上最大速度	90 km/h
路上航続距離	1000 km
主機関	ターボチャージド・ディーゼル
出力	410 hp
主武装	52口径155mm 溜弾砲
副武装	7.62mmまたは12.7mm 機関銃

ノラB／52K-1は前述したようにトラックのシャーシを流用する形で開発されており、南アフリカのG9のような本格的な装輪式自走砲、さらには似たコンセプトのアーチャーなどに比べてコストが安い。このため開発力があるとは言えないミャンマーとケニア、バングラディシュのような発展途上国にも採用されている。

SERBIA

ソコSP RR

(セルビア)

ソコSP RRはセルビアの国営ユーゴインポート社が開発した122mm自走砲だ。

同じくユーゴインポート社が開発したノラB/52がNATO標準の155mm榴弾砲を搭載しているのに対し、ソコSP RRはロシア規格である122mm榴弾砲（D30J）を搭載している。砲の俯仰角は-7°～+65°で、最大射程は通常弾で17.3km、ベースブリード弾で21kmに達する。砲塔は油圧駆動式のノラB/52と異なり電動駆動式を採用しているが、射撃時に4ヵ所の駐鋤を降ろす点は共通している。砲は直接射撃も可能とされており、直接射撃用のHEAT弾が常時搭載されているほか、車長席と砲手席には、視界を確保するためのフロントグラスが設けられている。なお、副武装として車長席上部に7.62mmまたは12.7mm機関銃を装備しているほか、座席後部には自衛戦闘用のロケット・ランチャーも搭載されている。

車体は6×6と8×8の両タイプが存在しており、いずれもトラックのシャーシを流用している。キャビンと燃料タンク、砲塔は装甲化されており、装甲レベルはNATO標準の防御レベル、STANAG4569のレベル1を確保している。

ソコSP RRもノラB/52K-1と同様、各車輌のGPSを用いたナビゲーションシステムと射撃システムが中隊レベルでネットワーク化されており、効率的な砲撃を行なうことができる。

少数ながらセルビア陸軍に導入されたノラB/52K-1と異なり、ソコSP RRは輸出を前提としており、ユーゴインポート社はユーザーの要求に応じて、100mmまたは105mm榴弾砲を搭載したモデルの供給も可能としている。

(S. Kiyotani)

データ

戦闘重量	17,000 kg
路上最大速度	70 km/h
主武装	155 mm 溜弾砲
副武装	7.62 mm または 12.7 mm 機関銃、ロケット・ランチャー
乗員	2 (+8) 名

M09 (セルビア)

M09はセルビアのユーゴインポート社が開発した105mm自走砲だ。

同じユーゴインポート社が開発したソコSP PR122mm自走砲と同じく、市販の6×6トラックのキャビンを装甲化し、荷台の部分に半周型防盾付の105mm榴弾砲を装備している。キャビンの防盾の装甲はNATOの標準防御レベルSTANAG4569のレベル2で、7.62×39mm弾の直撃に耐えることができる。

105mm砲はセルビア製のM56だが、この砲はもともとアメリカが開発したM101を、旧ユーゴスラビアがコピーして国産化したもので、セルビア以外にクロアチアでも採用されている。M101は1941年に登場した砲で、既にアメリカ軍などからは退役しているが、中進国や発展途上国ではいまだに使用されており、M09もM101系列の砲を運用している国々をターゲットとしているものと思われる。

旧ユーゴスラビアがコピーして国産化したM56を旋回式砲架に搭載したもので、砲の俯仰角は-3～+65°、旋回角は左右とも25°、発射速度は毎分6～8発、砲の最大射程はベース・ブリード弾で18.1km、ボート・テイル弾で15kmとされている。砲弾は手動装填式で、砲の後方にキャニスター式の弾薬庫が設置されており、迅速な再装填を可能としている。また、自衛用として12.7mm機関銃を1挺装備している。

ユーゴインポートはM09を積極的に売り込んでいるが、いまのところ採用国は現れていない。

M09の砲塔は開放式で主砲は直接照準射撃が可能だ

データ

戦闘重量	12,000 kg
全長	6.85 m
全幅	2.30 m (走行時)
全高	3.15 m
路上最大速度	90 km/h
路上航続距離	450 km
主武装	M56 105mm榴弾砲
副武装	12.7mm機関銃
乗員	5名

BOV

(旧ユーゴスラビア)

BOV (Borbeno Oklopno Vozilo) は、旧ユーゴスラビアで開発された4×4の装甲兵員輸送車だ。車体は厚さ10mm～15mm防弾鋼板で構成されており、全周に渡って7.62mm弾の直撃に耐えられるレベルの防御力を有している。パワー・プラントはドイツのDeutz社製のF6L413ディーゼル・エンジンが採用され、路上最大速度は95km/hと、まずまずの機動力を持つ。車内には10名までの兵員が収容可能となっており、武装は7.62mmまたは12.7mm機銃をルーフトップに装備する。また、装甲兵員輸送車型のBOV-VP以外にも、対戦車ミサイルを搭載した戦車駆逐車型のBOV-1、20mm機関砲を装備した自走対空砲型のBOV-3、同じく自走対空砲型でで30mm機関砲を装備したBOV-30、装甲救急車型のBOV-SN、サーチライトやラウド・スピーカーを搭載した治安維持型など、多くの派生型も開発されている。

BOVはユーゴスラビア連邦軍のほか、連邦を構成する各国の郷土防衛隊などに採用されており、ユーゴ紛争の際には敵味方に分かれて戦っている。ユーゴスラビア分裂後も、BOVは連邦を構成していた各国の軍や治安部隊などで運用されている。またボスニアのBOV-M、砲兵観測用機材を搭載したセルビアのBOB砲兵戦闘前方偵察車など、各国独自の改良を加えた派生型も登場している。

対戦車ミサイル型（上）と対空型（下）(S. Kiyotani)

データ （BOV-VP）

戦闘重量	9,100 kg
全長	5.70 m
全幅	2.53 m
全高	2.33 m
出力重量比	25 hp/t
路上最大速度	95 km/h
路上航続距離	500 km
主機関	Deutz F6L413 6気筒ディーゼル
出力	150 hp
武装	12.7 mm または 7.62 mm 機銃
乗員	2 (+8) 名

第7章
その他欧州

センタウロ

(イタリア)

ITALY

センタウロはイタリア陸軍の戦略に合わせて開発された装輪式戦車駆逐車だ。イタリア陸軍は冷戦時代から北部には戦車を中心とした重装備部隊、南部には機動力の高い装輪式車輌を中心とした軽装備部隊を置くという戦略を採用しており、センタウロは軽装備部隊の主力戦闘車となるべく開発された。

具体的な計画がイタリア陸軍から出されたのは1984年初頭のことで、開発はトラック等重車輌開発の大手IVECO社が主幹として担当した。コンセプトは105mm砲という大型の主武装を搭載し、路上での高い速度、長い航続距離、路外走破性をも持たせるため、8×8という大型の装甲車となった。最初の試作車は1987年1月に完成し、1989年末までに10輌の試作車が出

IFORに参加したイタリア陸軍センタウロB1

来上がった。1990年から生産が開始され1991年から配備が始まった。

「初弾必中」と「一撃離脱」

機動力を生かした戦車駆逐車であるセンタウロは火力こそ強力だが、防御力は他の装輪装甲車と同等であり、車体正面が20mm砲弾に耐えられる程度である。当然のことながらMBTと正面きって交戦する事はできず、速力を生かした一撃離脱に徹するしかない。

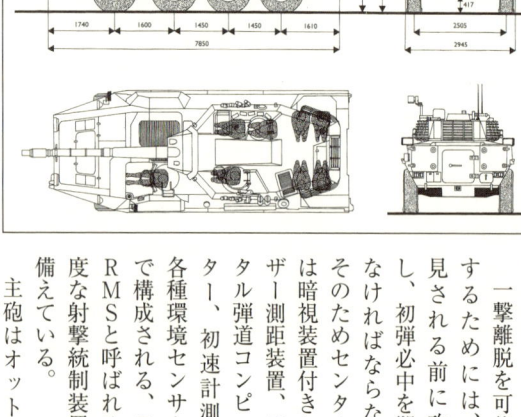

一撃離脱を可能にするためには、発見される前に攻撃し、初弾必中を期さなければならない。そのためセンタウロは暗視装置付きレーザー測距装置、デジタル弾道コンピューター、初速計測器、各種環境センサー等で構成される、TURMSと呼ばれる高度な射撃統制装置を備えている。主砲はオットー・

センタウロ戦車駆逐車の4面図

124

最新の120mm砲搭載型（S. Kiyotani）

メララ社製105mm52口径砲で、NATO標準のL7やM68砲と同じ砲弾を使用する。軽量の装輪式車体にMBTと同等の主砲を搭載したため、リコイルシステムは特に配慮され、大型のマルチスリット式マズルブレーキを備えているが、発砲時は7,50mm後座するという。それでも空間を砲塔内に充分確保できないため、砲身は-6～15°の範囲でしか射角が取れない。

機動力のカギを握るエンジンは、IVECO社製のMTCAターボチャージャー付ディーゼル・エンジン（520hp）を搭載しており、出力重量比も20.8hp/tと高い。また、整備性も良好で、パワーパックは20分で交換することができるという。車輪は地形に応じて、空気圧を操縦手が車内から調節することが可能とされており、悪路では接地面積を増やして機動性を確保する。また、タイヤは片側2輪が損傷しても走行可能とされている。

センタウロは時代のニーズに合致していたため、ボスニアなどのPKO任務で大きな活躍を見せた。しかし、こうした低強度地域の武装勢力が多用する、携帯式対戦車火器の脅威に晒されたことか

ら、追加装甲を施して各ハッチに防弾板と機銃を増設したIFORバージョンとも言えるタイプが登場した。また後期生産型の150輌は携行する主砲弾数を約半分とし、空いた車体後部のスペースに4名の兵員を乗車させることができるモデルも開発された。

センタウロは現在300輌がイタリア陸軍に配備されているほか、84輌がスペインに採用されている。アメリカ陸軍は2000年から2002年にかけて16輌をリースで導入し、ストライカーMGS開発の参考としている。また、120mm滑腔砲を搭載したモデルも開発されている。これは3名用のHITFACT砲塔を採用し、戦闘重量は25tに達している。IVECO社製の650hpのものに換装されている。2008年にオマーン親衛隊に採用され、6輌が調達された。

データ

戦闘重量	25,000 kg
全長	8.555 m
全幅	3.05 m
全高	2.438 m
底面高	0.417 m
出力重量比	20.8 hp/t
路上最高速度	105 km/h
路上航続距離	800 km
渡渉水深	1.5 m
登坂力	60 %
転倒限界	30 %
接近／発信角	45°／60°
旋回半径	9 m
主機関	IVECO MTCA V-6 ターボチャージャー付ディーゼルエンジン
主機関出力	520 hp／2300 rpm
ギアボックス	前進5速、後進2速
トランスミッション	ZF 5 HP 1500 オートマチックトランスミッション
懸架方式	独立懸架油圧式
主武装	105 mm52口径砲
副武装	同軸7.62 mm機銃、7.62 mm対空機銃、発煙弾発射器
弾薬搭載数	105 mm砲弾40発、機銃弾1400発、発煙弾16発
乗員	4名（後期生産型は最大8名）

(S. Kiyotani)

フレッチア

(イタリア)

フレッチア装甲戦闘車は、センタウロ戦車駆逐車の派生型だ。もともとセンタウロは通常の戦車が車体後部に機関部を配置するのに対し、フロントエンジン方式として採用戦闘室を後部に置く設計を採っており、装甲車への転用は設計段階から考慮されていたのかもしれない。

試作車輛はセンタウロをそのまま装甲車としたセンタウロ IFVとして提示されたが、仕様変更を経て2007年にイタリア軍制式化となった。センタウロと比較し車体長は14㎝、戦闘室天井も20㎝高い。兵員室は余裕があり、乗車兵員は8名だ。

砲塔は装軌式であるダルド装甲戦闘車用のものが搭載され、エリコン社製KBA25㎜機関砲を主武装とし、APDS-T×75発、HEI-T×125発、車内弾庫に各種200発を搭載している。機関砲は仰俯角-10°～60°で可動し、ジャイロ式砲安定装置により行進間射撃が可能だ。対戦車型は射程4,000mのイスラエル製スパイクLR対戦車ミサイルを搭載、700㎜の貫徹力を有し、撃ち放し式である。火器管制装置は米陸軍ブラッドレー装甲戦闘車用に開発されたDNRSをガリレオ社がライセンス生産し搭載している。

機動力はセンタウロと比較し、エンジンをやや出力が高い機種と変更、装甲強化と車体大型化による機動力低下を防いでいる。具体的には再講読度110km/h、登坂力60‰、超堤能力0.55m、超壕能力は1.5m で、水深1.5mまでの渡渉能力を有する。重量も26tと重く、前述のダルドよりも3t重いため、被空輸性は余り考慮されていないようだ。

フレッチアの特徴は、原型となったセンタウロに対し防御力が強化されている点で、正面部分等の重要部分は30㎜耐弾、側面部分なども20㎜機関砲に耐える基本装甲を有している。これは基本装甲に加え標準化されたボルトオン式増加装甲と共に実現しているもので、底部の装甲も厚く近年の防御力重視という装輪装甲車の趨勢に乗っている。

イタリア軍へは2014年までに二個旅団所要253輛の導入が予定され、その内訳は装甲戦闘車型172輛、対戦車型36輛、指揮通信車型20輛、自走迫撃砲型21輛、装甲回収型が4輛

である。この他、スペイン軍にも装甲回収型4輌が輸出された。

フレッチャの派生型も開発されている。これは各種火砲の基本車体としてフレッチャを流用したもので、ボルケーノ155mm自走榴弾砲、ドラコ76mm自走高射砲が開発されている。

また近年、センタウロ戦車駆逐車には120mm砲搭載型が開発されているが、車体はフレッチャのものが流用されている。このためフレッチャの派生型として考えるべきかもしれない。

ボルケーノ自走榴弾砲はBAEシステムズ社のM777を改良した39口径155mm榴弾砲を備えた大型砲塔をフレッチャの車体へ搭載したものだ。イタリア軍が運用する火砲は大半がPzH-2000やM-109といった装軌式自走榴弾砲であるため、戦略機動性が高い一方で旧式化しているFH-70榴弾砲の後継を目指し、開発されたのだろう。

ドラコ自走高射砲は、OTOメララ社が開発した傑作艦載砲である76mm単装砲のシステムを流用したもので、最大射程は16km、対地対空対水上射撃に対応するが対空戦闘では15km以内の目標をレーダ装置により自動追尾し、最大毎分120発の速度で射撃可能だ。同社では1986年にこの仕様で捜索レーダ装置を搭載したものをレオパルド1の車体に載せ提示、世界中から注目を集めたが採用実績はない。ドラコ自走高射砲は2010年の発表であるが近年は小型無人機の運用が広範化しており、この種の装備にイタリア軍を含め各国がどのような反応を示すか、興味深い。

ボルケーノ自走榴弾砲（上）とドラコ自走高射砲（下）（上下ともS. Kiyotani）

データ（ICV型）

戦闘重量	26,000 kg
全長	7.99 m
全幅	3.28 m
車体上高	2.67 mm
出力重量比	21.15 hp/t
主機関	イヴェコ 8262
同出力	550 hp
トランスミッション	ZF5HP1500 自動変速
路上最高速度	110 km/h
路上航続距離	800 km
乗員	3+8 名

ピューマ (イタリア)

ITALY

ピューマはセンタウロ戦車駆逐装甲車との共同行動が可能な、小型装輪装甲車の開発要求に応えてIVECO社が開発した軽装甲車で、最初の試作車は1988年に完成した。

コンセプトとして、センタウロを支援することもできる運用柔軟性が重視され、4×4タイプが製作された。用途についてもAPCの他、TOWやミラン対戦車ミサイルやミストラル対空ミサイル、81mm迫撃砲のプラットフォームとなる試作車が製作された。

車体装甲は小火器や砲弾の破片を防ぐ程度の物であるが、前面はかなりの傾斜を持たせており、その分やや車内スペースが狭い。

エンジンは前部に配置され、操縦手は車体中央部のほぼ左側に位置し、車長席

ピューマ4×4APCの車内透視図

ピューマ4×4APCの4面図

128

増加装甲とRWSが装備された近代化型

はその後にある。出力重量比は、4×4タイプで31・57hp/tと、AFVとしてはまさに驚異的な数値で、「戦場のスポーツカー」と呼んでもいいほどだ。

1990年に入って、車体を少し延長した6×6タイプが開発された。これは搭載力や機動力を高める他、防護力を高める効もある。4×4の場合地雷等で1つでもタイヤが損傷すれば移動力を喪失するが、6×6ではタイヤを1つぐらい失っても何とか走行することが可能なのだ。6×6タイプも4×4と同じパワーユニットを使用している為、運用コストは低く押さえられるが、機動力がやや低下したことは否めない。

武装はルーフトップに7・62mmまたは12・7mm機銃が搭載可能で、一部の車体には12・7mm機銃のリモコン・ウェポンステーションが搭載されている。なお、リモコン・ウェポンステーションを搭載した車体には、増加装甲も装着されている。

イタリア陸軍は4×4タイプ330輛、6×6タイプ250輛を調達しており、4×4タイプは空挺部隊や山岳師団、6×6タイプはセンタウロとともに騎兵部隊へ配備されている。また、アルゼンチン陸軍のPKO部隊用に2輛が引き渡されている。

ピューマはチヌークヘリコプターによる空輸が可能

データ (4×4/6×6)

戦闘重量	5,700 kg / 7,500 kg
全長	4.65 m / 5 m
全幅	2.085 m / 2.3 m
全高	1.67 m / 1.7 m
底面高	0.392 m / 0.38 m
出力重力比	31.57 hp/t / 24 hp/t
路上最高速度	105 km/h / 100 km/h
路上航続距離	800 km / 700 km
登坂力	60% / 60%
転覆限界	30% / 30%
接近/発信角	56°/47° / 45°/45°
旋回半径	6 m / 7.5 m
主機関	IVECO 8042型4気筒ディーゼルエンジン
主機関出力	180 hp / 3,000 rpm
ギアボックス	前進5速、後進1速
トランスミッション	Renk Reco オートマチックトランスミッション
懸架方式名	独立油圧式
主武装	7.62 mm 機銃
乗員	6+1名 / 8+1名

LMV (イタリア)

ITALY

駆動系はハンビーのものが使用されている

LMV (Light Multirolle Vehicle) はイタリアの自動車メーカーイヴェコ社が、イタリア陸軍の軽装甲車調達計画に応募するため開発した、4×4の軽装甲車だ。C-130などの戦術輸送機はもちろんのこと、CH-53やEH-101のような大型ヘリコプターでの空輸も可能とされており、高い展開能力を有している。

車体は防弾鋼板製で、通常は30m離れた位置から発射された7.62mm弾の直撃に耐えられる程度だが、増加装甲を装着することで、200m離れた位置から発射された14.5mm弾の直撃に耐えることができる。また、現代の装輪装甲車下面には必須と言っても過言ではないV字型構造を採用しておらり、地雷やIEDの爆風によるダメージを軽減できる。基本車体は4ドアで、操縦手1名と乗員5名を収容可能となっているが、車体を延長したストレッチ・バージョンや、2ドアで2人乗りの乗員6名の収容が可能となっている。また、2ドアで2人乗りのバージョンも開発されている。

パワー・プラントにはイヴェコ社製のFID Common Rail Euro 3 ターボチャージド・ディーゼル・エンジン（185hp）を採用しており、路上最大速度はこの種の車輌として最高レベルの、130km/hに達する。なお、ターボチャージャーが発生する熱は、エンジンからCピラー（後部座席斜め後ろの柱）部に設けられたダクトを通して排出される仕組みとなっており、赤外線による探知を受けにくくなっている。

武装は12.7mm機銃やリモコン・ウェポン・ステーション（RWS）の搭載が想定されており、ノルウェーとチェコの車体には、コングスベルク社製のRWS「プロテクター・ライト」、イギリス陸軍の車体はセレックス・ガリレオ社製のRWS「エンフォーサー」を搭載している。

モジュラー化された装甲はユーザの要求に合わせて変更できる

LMVはイタリア陸軍と海軍に、VTLM「リンチェ」の名称で1,200輌以上が採用されており、将来的に7,000輌まで増やす計画もある。イタリア陸軍のLMVはアフガニスタンやレバノンに派遣され、アフガニスタンではIEDの攻撃から乗員を護った実績を持つ。こうした実績が高く評価されたこともあって、LMVの採用国は増え続けており、現在までにオーストリア、ノルウェー、チェコ、スロバキア、ベルギー、クロアチア、スペイン、ボスニアに採用されている。またロシアでもノックダウン生産により、1,755輌の導入が予定されている。

イギリスはLMVを「パンサー」の名称で401輌（さらに400輌のオプション）導入しており、FV432「サクソン」装甲車やランドローバーの後継として配備を進めている。パンサーはBAEシステムズによって装甲の強化を含む改良が施されているほか、座席数が1席少ない4席となるなど、LMVとの相違点も多い。パンサーは第1機械化旅団に優先的に配備されており、イタリアや他の導入国のLMVと共に、アフガニスタンに派遣されて活躍している。

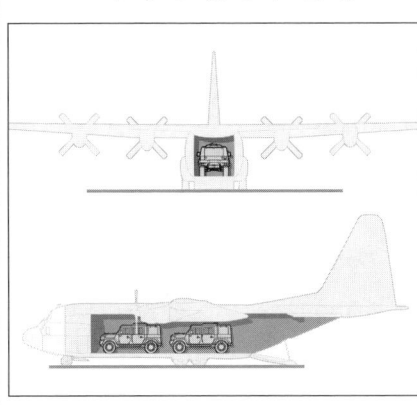

C-130には2輌のLMVが搭載可能だ

データ（LMV）

戦闘重量	6,500kg（レベル3増加装甲装着時）
全長	5.50 m
全幅	2.05 m
全高	1.95 m
出力重量比	12.4 hp/t
路上最大速度	130 km/h
路上航続距離	500 km
主機関	イヴェコ F1D Common Rail EURO 3 ターボチャージド・ディーゼル
出力	185 hp
武装	12.7mm機銃、リモコン・ウェポン・ステーションなど
乗員	1（＋乗員5）名

スーパーAV

(イタリア)

ITALY

(S. Kiyotani)

スーパーAVはイタリアのイベコ社が、プライベート・ベンチャー（自社資金）で開発した8×8の水陸両用装輪装甲車だ。

水上での浮航能力を重視したため車体にはアルミ合金が使用されており、その結果基本状態の防御力はNATOの標準防御規格レベル1と、この種の車輌としては低い。ただし当初から増加装甲の装着を前提としており、増加装甲装着時には相応の防御力を持つものと思われる。

パワー・プラントはイベコ社製のディーゼル・エンジン「クルソア13」（500hp）が採用されており、ZF社製の7速オートマチック・トランスミッションと組み合わせている。路上での最大速度は105km/h、水上での航行速度は10km/hで、航続距離は路上で800km/h、水上では64km/h。水上の航行はシー・ステート2の状態でも可能とされている。

スーパーAVは低強度紛争地域だけでなく、本格的な紛争地域での運用も想定されているため、NBC防護装置が標準装備されている。また、イラクやアフガニスタンでの戦訓を踏まえて、エアコンや自動消火装置、レーザー警戒装置、全周をカバーするビデオカメラなども装備されている。

派生型としてはAPC型のほか、装甲救急車型、指揮通信車型、自走迫撃砲型、工兵車輌型などの派生型、さらには全幅を拡大したAPC-Wも提案されている。

スーパーAVに対しては、イタリア軍が高い関心を示しているほか、本車をベースにした6×6型がブラジル軍に採用されている。またイベコ社はBAEシステムズ社と共同で、アメリカ海兵隊のMPCプログラムにスーパーAVをベースとした車輌を提案する事を決定している。

データ（APC型）

戦闘重量	25,000 kg
全長	7.92 m
全幅	2.72 m
全高	2.31 m
路上最大速度	105 km/h（水上航行時10km/h）
路上航続距離	800 km（水上航行時64km）
主機関	イベコ クルソア13 ディーゼル・エンジン
出力	500 hp
乗員	13名

APC型の三面図

MPV

ITALY

(イタリア)

MPV (Medium Protected Vehicle) はイタリアのイベコ・ディフェンス・ビークル社が開発した中型装輪装甲車だ。

MPVのコンセプトは「シタデレ」つまり城郭で、その名が示す通り高い防御力を持っている。車体に関してはドイツの装甲車両のトップメーカーである、KMW (クラウス・マッファイ・ヴェクマン) 社の協力を仰いでいる。

MPVはKMW社のGFF4のコンポーネントを多用しており、事実上GFF4のファミリーと考えてよい。

車体は全周に渡って7.62×51mm弾の直撃に耐え、車体底部も炸薬量8kgの地雷の爆風から乗員を防護できる、NATOの標準防御規格STANAG4569のレベル3を確保している。また、乗員の座席も地雷の爆風による衝撃を緩和するフローティング・シートを採用しており、同クラスの車輌の中ではトップクラスの防御力を持つと言えよう。

車体に対する力の入れようとは逆に、製造コストを低減するため4×4タイプ、6×6タイプともシャーシは既存車輌のものを流用する形で開発されている。パワー・プラントはイベコ社のディーゼル・エンジン「Cursor8」が採用されており、セミオートマチック・トランスミッションと組み合わされている。武装は7.62mmまたは12.7mm機関銃、40mmグレネード・ランチャーなどが搭載できる。

基本形のAPC型には今のところ発注はないが、装甲救急車型12輌が「MPV-VTMM」の名称でイタリア陸軍に12輌採用されている。

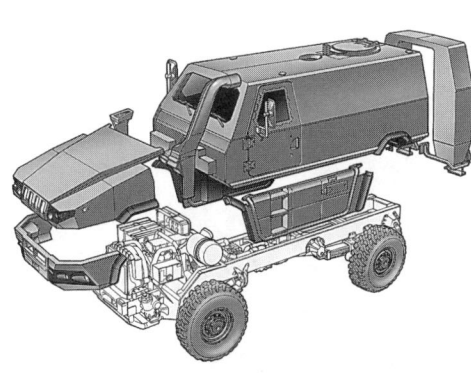

既存のシャーシに装甲キャビンを組み合わせている

データ （4×4型）

戦闘重量	15,000 kg
全長	6.5 m
全幅	2.53 m
全高	2.85 m
路上最大速度	90 km/h
路上航続距離	710 km
主機関	イベコ Cursor8 ディーゼル・エンジン
出力	360 hp
乗員	6名

SWITZERLAND

イーグル（スイス）

イーグルはスイスの装甲車輛メーカーであるモワグ社（現ジェネラル・ダイナミクス・ヨーロピアン・ランドシステムズ社傘下）が、スイス陸軍向けに開発した偵察用小型装甲車だ。

イーグルの最初のモデルであるイーグルIはアメリカのHMMWV（ハンヴィー）のシャーシを流用しているが、装甲ボディはモワグ社が新しく設計している。イーグルは段階的に改良が重ねられており、改良型のイーグルIIおよびイーグルIIIはハンヴィーの改良型ECVを、イーグルIVはモワグ社のデューロIII Ptラックのシャーシを流用して、積載量などを改善している。また、201

ドイツ軍にも採用されたイーグルIV　(S. Kiyotani)

2年のユーロサトリには、6×6タイプのイーグルVも登場している。

イーグルの車体装甲は、30m離れた位置から、弾速930m/秒で発射された7.62mm NATO弾を防ぐ事が出来る小

デンマーク陸軍でPKO任務に使われているイーグル2（上）

物資運搬用に使える車内（左）

134

最新型のイーグルIVはデューロの駆動系が使用されている

2012年には6×6型が発表された（上）
RWSと対RPG装甲を装備したモデル
（下）（S. Kiyotani）

銃弾を防ぐレベルだが、防弾ガラスはPKOなどの任務中に狙撃を受けてひびが入り、視界が悪化した戦訓から、イーグル2以降のモデルは強度が高くなっている。また、対地雷能力は6kgの爆風に耐えられるレベルとされている。

イーグルの車体上部にはモワグ社が開発したMBK2一人用砲塔が装備されている。この砲塔には7.62mm機銃、偵察用の昼夜間赤外線映像装置が装備され

ている。赤外線映像装置は必要に応じて取外すことができ、乗員が下車してこれをより柔軟な偵察活動に使うこともできる。なお、デンマークのイーグルIはMBK2を装備していない。

乗員は4名で車体左右にそれぞれ乗降口があり、車長席には上部ハッチも設置されている。また後面には上部に大きく開くハッチがあり、ある程度までの物資輸送が可能なほか、同じ車内後部に2名分の座席を臨時に設けることもできる。

スイス陸軍はイーグルIとイーグルIIを偵察車輛として329輛採用したほか、イーグルIIIも120輛、砲兵観測車として採用している。またデンマークがイーグルIを36輛とイーグルIVを90輛、ドイツも連邦軍と警察で合わせて682輛のイーグルIVを採用している。

データ （イーグルII）

戦闘重量	5,100 kg
全長	4.9 m
全幅	2.28 m
全高	1.75 m
底面高	400 mm
出力重量比	31.3 hp/t
路上最高速度	125 km/h
路上航続距離	450 km
渡渉水深	0.76 m
登坂力	60 %
転覆限界	40 %
接近／発進角	60°／50°
旋回半径	7.5 m
主機関	ゼネラルモータース 6.5 1NA型 V-8 ディーゼルエンジン
主機関出力	160 hp／1,700 rpm
ギアボックス	前進4速、後進1速
トランスミッション	ハイドラマチック 4L80E オートマチック
懸架方式名	コイルスプリング
主武装	7.62 mm 機銃
副武装	発煙弾発射器
弾薬搭載数	400 発
乗員	4名

ピラーニャ

SWITZERLAND

（スイス）

スイス軍の野戦救急型ピラーニャⅡ

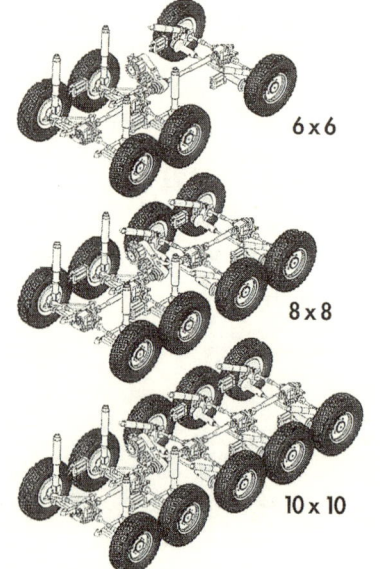

カテゴリーⅢの走行装置

6×6
8×8
10×10

ピラーニャシリーズはスイスのモワグ社（現在はジェネラル・ダイナミクス・ヨーロピアン・ランドシステムズ社傘下）が、1970年代初頭にプライベートベンチャーで開発した装輪装甲車だ。現在までにⅠ～Ⅴのシリーズで4×4、6×6、8×8、10×10の4タイプが開発されているが、多くのパーツが共通化されており、開発から運用に至るまでのコストを低減している。また用途も幅広く、戦闘から後方支援、人道支援活動など、幅広い活動に使用できるピラーニャは市場のニーズに合致し、今日の装輪装甲車ブームの先駆けともなった。

車体の基本レイアウトは車体前部左側に操縦席、右側にエンジンルームが配置され、車体中央部は兵装搭載スペースや砲塔部、後部が兵員室となっている。

車体の装甲は浮航性を付与するため、車体にアルミ合金を採用したことから、7.62mm機銃弾と砲弾の破片を防ぐレベルにとどまっている。ただし増加装甲の装着によって防御力を強化することが可能で、最も重い増加装甲パッケージ（ピラーニャⅢ用）では、車体正面で30mm機関砲、全周に渡って14.5mm弾の直撃に耐えられるレベルにまで防御力を強化することができる。また、車体下面にも対地雷用の増加装甲の装着が可能となっている。

パワー・プラントやトランスミッションはタイプによって異なるが、ピラーニャは早い段階からエンジンとトランスミッションを組み合わせた、整備性に優れ、また野戦環境下でも容

易に交換が可能なパワーパックの概念を取り入れている。また砂漠地帯向けのエアフィルターや、熱帯地方向けの追加冷却装置もオプションで用意されている。

4種の車輪配置と車体規模

前述したようにピラーニャには4×4から10×10までの4タイプがあり、一見した限りでは同じシリーズとは思えないほどだ。車輪の数が多ければ車体は大きくなり、接地圧が分散されるため、走破性が高まる。また一部の車輪が破損しても走行できるため、生存性も高くなる。最も大型の10×10では4×4と比較して車体長が2m長くなっているが、これでもC−130輸送機に搭載できる大きさに収められている。また標準で浮航能力が付加されており、水上推進用にスクリュープロペラが2基、車体後部に取付けられている。

兵装についても選択肢は広い。代表的なものを紹介すると

（1）4×4タイプ向け

7.62mm機関銃のみの銃塔、12.7mm〜20mmまでの重機関銃・機関砲を装備した銃塔まで搭載できる。ちょっと窮屈そうだがAPCとして最大12名まで乗車することもできる。

（2）6×6タイプ向け

より大口径の25mm、30mm機関砲、90mm砲砲塔、

81mm迫撃砲をオープントップで車内後部に搭載した自走迫撃砲、対戦車ミサイル搭載型のほか、戦場監視レーダーを搭載した偵察車や非武装の救急車がある。

（3）8×8タイプ向け

このタイプの車体は一番使い勝手が良く、バリエーションも多い。25mm機関砲塔を装備し歩兵1個分隊を含む12名が乗車できるAPCタイプ。火力支援タイプなら砲は90mm砲まで搭載で

ピラーニャIII

137

ピラーニャⅢ歩兵戦闘車型

きる。81～120mm自走迫撃砲、連装の20、30mm機関砲や対空ミサイルを装備した対空車などがあり、各兵器メーカーが今盛んに取り組んでいる「砲塔ビジネス」のベース車体ともなっている。その組合せはまさに「よりどりみどり」の状態である。もちろん指揮通信車、偵察車など支援車輛としても充分な能力がある。

(4) 10×10タイプ

このタイプは市場での装輪装甲車のニーズの高まりに対応して、より「戦闘的な」任務にも耐えられるよう車体を大型化したもので1993年に試作車が完成している。

このタイプは車体前面の装甲が強化され、14.5mm弾まで耐えられるようになった。

ジアット（現ネクセター）社製TML105mm砲塔（3名用）を装備した戦車駆逐車型は、デジタルサイトや弾道コンピューターを備えた本格的な射撃統制装置（FCS）、砲安定装置も装備しており、本格的な対戦車戦闘を行なうこともできる。

スウェーデンでは最強の火力を誇る歩兵戦闘車CV9040と同じ40mm機関砲搭載のバリエーションが作られている。この機関砲は性能に定評があるボフォース社の手になる物で、105mm砲と比較すれば微力に見えるかも知れないが、MBT（主力戦車）でも側面からであれば充分撃破可能であるし、連続射撃による面制圧効果には絶大な威力を誇る。その他対空車輛、APC、レーダー搭載偵察車、指揮車、回収車、大型車体を生かした高機動装甲輸送車などがある。「入れ物」である車体からパワーパック、兵装、装備品などをニーズに応じて自由に組

138

「進化」を続けるピラーニャ

1970年代に登場したピラーニャが、登場から40年以上経過した現在に至っても陳腐化しないのは、絶え間なく進化を続けているからにほかならない。

1・ピラーニャカテゴリーII

アメリカ海兵隊にLAV-25として採用され、ピラーニャの地位を確実なものにしたピラーニャIの登場から約10年後に登場したモデル。タイヤを大型化し、ブレーキ機構や懸架方式を改良して機動性を向上させたバージョンが造られた。一般的にピラーニャIIと呼ばれている。

外見はほとんど変わらないが、車体長がやや延長され、足周りが改善されたのでペイロードが20％向上した。防御力特に地雷に対する防御力の向上が図られている。

2・ピラーニャカテゴリーIII

ピラーニャシリーズの代表作とでも言うべきカテゴリーで、1996年に試作車が完成した。小柄にすぎた4×4のバリエーションは無くなり、6×6、8×8、10×10の3タイプが開発され、中でも8×8がもっとも売れ筋となった。

ピラーニャIIIからはパワーパックのバリエーションが以下のように大幅に増えた。

- 350～400hpの6気筒53TA型デトロイト・ディーゼルエンジンとアリソンMD3560オートマチック・トランスミッション（6速）
- 400～450hpMTU6気筒183TE22型エンジンとZF Ecomat 6HP600オートマチック・トランスミッション（6速）

ピラーニャVの歩兵戦闘車型

139

ピラーニャVの内部

- 350hpの6気筒Cumins 6CTAAエンジンとアリソンMD3066オートマチック・トランスミッション（6速）
- 350hpキャタピラー3126型エンジンとアリソンMD3066オートマチック・トランスミッション（6速）
- 340〜420hpのスカニアDS19-48Aディーゼル・エンジンとZF Ecomat 7HP600オートマチック・トランスミッション（7速）

以上の5つのタイプから選択が可能となった。また接地圧を最適に保つためのタイヤ空気圧調節システム（CTIS）やABS、荷重に応じて動力を各車軸に効率良く配分するトラクション・システム等も装備しており、モワグ社では8×8タイプの走破能力は装軌車輌にほぼ匹敵するとしている。

バリエーションについては改めて詳しくは紹介しないが、機関銃から105mm砲、対戦車ミサイル、対空ミサイル搭載の戦闘車からAPC、指揮、通信、偵察、回収の後方任務まで広く対応できる。売れ筋は、汎用性が高くPKO活動にも使用できる25mm機関砲搭載のIFVバージョンである。

このカテゴリーのユーザーは、世界中に広がっている。カナダのGMカナダ社（現ゼネラル・ダイナミクス・ランドシステムズ社）がアメリカ海兵隊向けに8×8をLAVとしてライセンス生産している他、イギリスのアルビス社

（現BAEシステムズ社）も8×8と10×10をライセンス生産していた。

3・ピラーニャカテゴリーIV

売れ筋である8×8に絞ったモデルで、旧ユーゴでの治安維持作戦の戦訓から防御力の強化に主眼が置かれており、モジュラー装甲が採用されている。また車体下面の防御力も強化されており、炸薬量8kgの地雷の爆風から乗員を防護することができる。また独立懸架油圧サスペンション、ABS、トラクション・コントロール・システムなどが標準装備されており、機動性も向上している。

4・ピラーニャカテゴリーV

カテゴリーIVをベースに開発された8×8型で、エンジン出力の強化、セミ・アクティブ・サスペンションの採用、APU（補助電源装置）の追加といった改良が施されている。

イギリス陸軍のFRES（将来型緊急展開システム）の構成車輌として採用が決まったが、

モジュラー装甲を採用したピラーニャV

FRESプログラム自体がキャンセルされたため生産はされなかった。その他に大型のタイヤやデザート・フィルターなどを装備したデザート・ピラーニャVがUAEに提案されている。

ピラーニャシリーズは現在までに2,000輌以上が生産されており、導入国は20ヵ国近くに及んでいる。またピラーニャをベースにしたLAV（アメリカ陸軍）、ASLAV（オーストラリア陸軍）、ストライカー（アメリカ海兵隊）、AVGP、コヨーテ、バイソン（いずれもカナダ）なども含めれば、その総生産数は6,000輌以上に達する。

データ（カテゴリーIII 8×8）

戦闘重量	16,500 kg
全長	6.93 m
車体長	6.5 m
全幅	2.66 m
全高	2.17 m
底面高	0.595 m
出力重量比	24.2 hp/t
路上最高速度	100 km/h（水上速度：10 km/h）
路上航続距離	800 km
渡渉水深	水陸両用
超堤高	0.6 m
超壕幅	2.0 m
登坂力	60 %
転覆限界	30 %
接近／発進角	42°／37°
旋回半径	8 m
主機関	デトロイト・ディーゼル社製 6気筒53TAディーゼル・エンジン
主機関出力	400 hp
ギアボックス	前進5速、後進1速
トランスミッション	アリソンMD3560 オートマチック・トランスミッション
懸架方式名	独立懸架式
主武装	25 mm機関砲（IFVタイプの場合）
副武装	7.62 mm機銃
乗員	3+13名（APCタイプの場合）

装甲デューロ （スイス）

デューロシリーズは1980年代の終わりにスイス陸軍用としてブッヘル＝グイエル社で開発された汎用トラックで、改良型のデューロ2、デューロ3を含めて、スイス陸軍に3,500輌が採用されている。同社はモワグ社に買収され、モワグ社は現在ジェネラル・ダイナミックス・ヨーロピアン・ランドシステムズ傘下となっている。

車体には4×4のショートサイズ（全長5.07m）、ロングサイズ（5.83m）、6×6のバージョンが用意されている。構造は市販トラックと同じフォワードキャブ方式でエンジンの上に操縦席があり、後部にカーゴスペースはある。キャビンやリアプラットフォームにはアルミニウムが多用されているが、軍用トラックとして十分な強度は持つ。

デューロには輸送型のほか、通信車、救急車などのバリエーションがあり、またPKO任務向けの「装甲トラック」も造られている。これは前部操縦席、後部キャビンに装甲を施した物で、派遣地域での小戦闘、狙撃、対人地雷への防御を考慮した物だ。

デューロシリーズはスイス陸軍のほか、イギリス、ドイツ、マレーシア、ベネズエラに採用されている。

(S. Kiyotani)

データ （デューロ3 6×6）

戦闘重輌	13,500 kg
全長	6.75 m
全幅	2.20 m
全高	2.67/3.15 m
底面高	0.4 m
出力重力比	17.9 hp/t
路上最高速度	100 km/h
超堤高	0.5 m
登坂力	60 %
接近／発進角	42°／40°
旋回半径	18 m
主機関	カミンズ ISB6.7E3 6気筒ディーゼルエンジン
主機関出力	160 hp／3000 rpm
トランスミッション	アリソン 2500SP 5速オートマチック
主武装	なし
副武装	なし
乗員	2名

SWEDEN

アーチャー

（スウェーデン）

アーチャー自走榴弾砲は、スウェーデンのボフォース社（現BAEシステムズAB社）がボルボ建設機械社製の6×6トラックA30Dの荷台に、52口径155mm砲FH77Bを搭載する形で開発した自走砲だ。

操縦手1名と砲の操作要員3名を収容できるキャビンは装甲化され、またフロントガラスには厚さ8センチの防弾ガラスが採用されており、全周で7.62mm弾の直撃に耐える防御力を持つ。また、車体下部も装甲されており、炸薬量6kgの地雷の爆風から乗員を護ることができる。パワー・プラントには340hpのディーゼル・エンジンが採用されており、北欧の車輌だけあって、1mまでの積雪地帯での走行も可能とされている。

155mm砲は自動装填式となっており、砲の操作要員はキャビンから出ることなく連続射撃を行なうことができる。また発射速度も速く、13秒で3発のバースト射撃を行えるほか、持続射撃でも20発を2分半で発射できる。砲の俯仰角は0～70°、旋回角は左右75°で、射程はベースブリード弾で40km、M982エク

スカリバーを使用すれば60kmに達する。

FCSは弾道コンピュータや初速計測器、砲弾を運用するための航法装置などが装備されている。キャビン上部にはBAEシステムズAB社製のリモコン・ウェポン・ステーションが装備されており、12.7mm機関銃や40mmグレネード・ランチャーなどの副武装の運用が可能となっている。

アーチャーはスウェーデンとノルウェーにそれぞれ24輌ずつ採用されているほか、カナダ、インド、デンマークなども興味を示している。

自動装填装置により自動で連続射撃が可能だ (S. Kiyotani)

データ

戦闘重量	30,000 kg
全長	14.1 m
全幅	3.0 m
全高	3.90 m
路上最大速度	70 km/h
路上航続距離	500 km
主機関	ディーゼル・エンジン
出力	340 hp
武装	FH77B 52口径155mm榴弾砲×1、リモコン・ウェポン・ステーション×1
乗員	1名＋砲操作員3名

パンドゥールシリーズ

(オーストリア)

AUSTRIA

パンドゥールは1979年にシュタイア・ダイムラー・プフ社（現在はジェネラル・ダイナミックス・ヨーロピアン・ランドシステムズ社傘下）がベンチャーとして開発を始めた装輪装甲車だ。1985年に最初の試作車が完成し、そして1986年12月には11輌の初期型が造られた。

パンドゥールの防御力は7.62mm機銃弾を防ぐ標準的なものだが、随所に傾斜を取り入れて避弾経始を考慮している。車体前部右側にエンジン、左側に操縦席を置くオーソドックスな配置となっている。

車体下部の足周りは、地雷に対する車体の防御力を向上させるため、突起物の少ない構造となっている。駆動系も6×6と6×4に切り替える事

オーストリア軍のパンドゥールI (böhringer friedrich)

が可能で、路上では効率的な高速走行ができる。またタイヤ空気圧調整システムを持ち、路面状態に合わせて走行中でも空気圧の調整ができる。整備性を考慮してエンジン・ルームのハッチは大きくされており、約20分間でエンジンの交換が可能とされている。

後部兵員室には8名まで乗車でき、車体左右に2箇所ずつバイザーブロックとガンポートが設けられている。後部と上面に2枚ずつ大型ハッチがあり、充分な乗降口が用意されている。APC型の基本武装は車長用キューポラに装備された12.7mm機銃で、3連装の発煙弾発射機も2セット、車体右側に装備されている。また、オーストリア陸軍向けの車体は、車内に消火設備と余圧空調システムを装備している。地雷対策破片防護策と底面の強化を図っている。

パンドゥールはオーストリア陸軍に71輌が採用されたのを皮切りに、クウェート、ベルギー、ガボン、ソロモン諸島、アメリカ（特殊作戦軍）に採用されたほか、中欧の工業国であるスロベニアでは、パワーパック等主要コンポーネントの供給を受けて車体のライセンス生産が行われ、バルークの名称で199

パンドゥールは水陸両用部隊でも使用されている

144

(böhringer friedrich)

9年までに70輌が同国の陸軍に配備されている。パンドゥールは輸出市場でもまずまずの成功を収めたが、シュタイア・ダイムラー・プフ社はライバルのピラーニャやAMVといった車輌を意識して、8×8型のパンドゥールⅡを開発している。パンドゥールⅡはAPCタイプなら12名乗車が、火力支援タイプなら105mm低反動砲の搭載が可能なレベルに車体が拡張されているが、車体重量はC-130輸送機での空輸が可能な20tに抑えられている。パワー・プラントにはカミンズ社の450hpディーゼル・エンジンが採用されており、路外とも機動力がパンドゥールに比べて向上している。

パンドゥールⅡはポルトガルの陸軍と海兵隊に、APC型や105mm砲を搭載した火力支援車型など合計253輌が採用されているほか、チェコにも各タイプ合わせて103輌の採用が決まっている。このうち歩兵戦闘車仕様は、イスラエル製増加装甲の装着能力に加えて、車体底面の構造をV字型に変更して防御力の強化を図っている。また武装

105mm低反動砲を搭載したパンドゥールⅡ 8×8

はブッシュマスターⅡ 30mm機関砲と7・62mm機銃、SPIKE-ER対戦車ミサイルをまとめたRCWS-30リモコン・ウェポン・ステーションを装備している。

開発国のオーストリアもパンドゥールⅡの採用を計画しているが、いまだ予算不足で実現の目処は立っていない。またパンドゥールⅡには6×6型も存在しているが、現時点で採用国は現れていない。

データ（パンドゥールⅠ APC タイプ）

戦闘重量	13.500 kg
全長	6.297 m
車体長	5.697 m
全幅	2.5 m
全高	1.82 m
底面高	0.43 m
出力重力比	19.25 hp/t
加速力（0～50km/h）	15 秒
路上最高速度	100 km/h
路上航続距離	700 km 以上
渡渉水深	1.2m（水陸両用オプション有り）
超堤高	0.5 m
超壕幅	1.1～1.6 m
登坂力	70 %
転覆限界	40 %
接近／発進角	45°／49°
旋回半径	8.5 m
主機関	ステイヤー WD612.95 型 6 気筒ターボチャーチャー付液冷ディーゼル・エンジン
主機関出力	260 hp／2400 rpm
ギアボックス	前進 5 速、後進 1 速
トランスミッション	アリソン MT653 オートマチックトランスミッション
懸架方式名	独立懸架式
主武装	12.7 mm 機銃
副武装	発煙弾発射器
弾薬搭載数	1800 発
乗員	1+10～12 名

SPAIN

VAMTAC

（スペイン）

VAMTAC（Vehículo de Alta Movilidad Táctico／戦術高機動車輌）はスペインのUROVESA社が開発した4×4の汎用四輪駆動車だ。開発は1996年にスタートし、厳しい実車テストを経て設計を固め、1998年から生産が開始されている。

VAMTACのデザインはアメリカのHMMVW（ハンヴィー）に酷似しており、ソフトスキン型のI3とハードスキン型（装甲化）型のS3の両タイプが存在している点も共通している。

ハードスキン型のS3には装甲のレベルによってBN1・6、BN2、BN3の3タイプがある。BN1・6はNATOの標準防御規格、STANAG4が、貨物輸送型は積載量1・5～2・5tのカーゴスペースに

569のレベル1、BN2はレベル2aまたは2a、最も装甲レベルの高い、増加装甲を装着したBN3は、全周に渡って7・62×51mmNATO徹甲弾（タングステン弾頭使用）の直撃に耐え、炸薬量8kgの地雷の爆発から乗員を防護し、かつ耐爆仕様のホイールを備えたレベル3aを獲得している。

パワー・プラントはシュタイア社のターボ・チャージド・ディーゼル（188hp）を採用している（S1型の1部は166hpのディーゼル・エンジン）しており、路上最大速度は装甲強化型HMMVW（125km/h）を上回る135km/hを達成している。また、トランスミッションは前進5段、後進1段のオートマチック・トランスミッションを採用している。

人員輸送型は通常、ルーフトップ部に各種機関銃を装備する

スペイン空軍爆発物処理班のVAMTAC（Petrică Mihalache）

M40対物ライフルやグレネード・ランチャー、ミストラルなどの携帯型地対空ミサイルを搭載して運用することもできる。本家のHMMVWと同様、VAMTACもTOW対戦車ミサイルを搭載した戦車駆逐車型、装甲救急車型、指揮通信車型など多くの派生型が開発されている。また、軍用だけでなくラウド・スピーカーなどを搭載した警察型も開発されており、スペインの警察や国家憲兵隊などに採用されている。

VAMTACを最初に採用したスペイン陸軍は、アフガニスタンやレバノン、コンゴの治安維持作戦にVAMTACを投入し、少なからぬ損害を受けている。前述したように防護レベルの異なるタイプが存在しているのは、戦訓を活かす形で防御力を段階的に強化していったためである。

VAMTACは生産開始から現在までに4,000輌以上が生産されており、スペインの軍と警察、国家憲兵のほか、スペイン語圏のベネズエラとドミニカ、スペインの旧植民地で現在も関係の深いモロッコ、ルーマニア、タイ、マレーシアに採用されている。このほかブラジルやアイルランドなどもテストのため少数を導入したが、最終的に採用には至らず、またポルトガルはスペインからリースで導入して運用していたが、2006年をもって返却している。

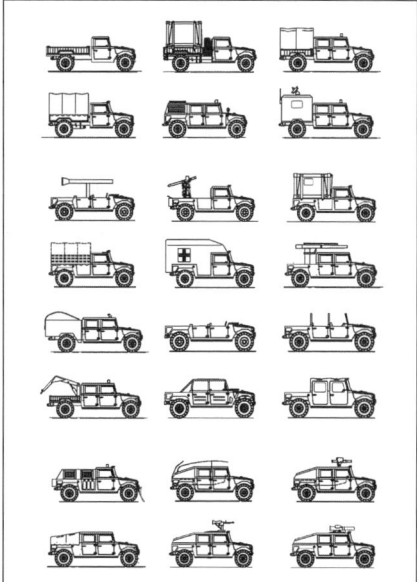

VAMTACの各種バリエーション

データ（S3APC型）

戦闘重量	5,300 kg
全長	4.85 m
全幅	2.18 m
全高	1.90 m
路上最大速度	135 km/h
路上航続距離	600 km
主機関	シュタイア社製ターボチャージド・ディーゼル
出力	188 hp
主武装	各種機関銃など
乗員	5名

AMV（フィンランド）

AMVはフィンランドのパトリア・ヴィークル社が開発した装輪装甲車で、8×8、6×6の2タイプが開発されている。AMVの正式名称は"Armored Modular Vehicle"、日本語で言えば装甲モジュラー車輌となる。その名が物語るようにAMVは、共通のシャーシにミッション・モジュールを搭載する形で、ファミリー化を追及するコンセプトを採用している。

AMVの設計には、パトリア・ヴィークル社が開発したベストセラー装甲車「パシ」の技術的蓄積が多用されているが、車体のデザインはまったくの新設計で、パシのように車体前面に大きな操縦室を設けず、この種の装甲車としては一般的な、前方右側にエンジン、左側に操縦席を置き、その後ろに兵員室を置くというレイアウトを採用している。

兵員室のスペースは13㎥と大きく、最大ペイロードは10t、兵員であれば最大12名を収容することができる。

6×6バージョンも最大ペイロードは6tと、車体の規模からすれば十分な搭載量を持つが、装甲防御力の不足などが影響してのことなのか、当初導入を予定していたクロアチアも8×8バージョンに切り替えており、現時点では受注を獲得できていない。また、車体を延長してペイロードを増大させた8×8Lバージョンも開発されており、こちらは後述するUAE向けの車体の一部に採用されたという話もある。

防御力は全周に渡って14.5㎜弾に耐える能力を持ち、また炸薬量10㎏の地雷の爆風から、また車体前面は30㎜弾の直撃に乗員を護ることができる。

148

ポーランド軍のアフガン仕様ロマソク（S. Kiyotani）

AMVの防御力の高さは実戦でも証明されている。アフガニスタンに派遣されたポーランド陸軍のKTOロソマクM1（増加装甲パッケージを装着した歩兵戦闘車型のAMV）は、タリバン勢力から数度に渡りRPGシリーズやIED、地雷などによる攻撃を受けたものの、1名の犠牲者を出しただけにとまっており、タリバン勢力から「緑の戦車」として恐れられたという逸話もあるほどだ。

ただし、前述したポーランドのロソマクM1などは、装甲の強化と引き換えに浮航能力を失っている。

AMVは各種の派生型が開発されているため、標準的な武装は存在しないが、フィンランド陸軍の装甲兵員輸送車型はM151「プロテクター」リモコン・ウェポン・ステーションを搭載している。

AMVは現時点で、開発国であるフィンランドのほか、ポーランド、南アフリカ、クロアチア、スロベニア、スウェーデン、マケドニア、UAEに採用されている。

62輌を導入したフィンランドは、このうち24輌を全周旋回式砲塔に120mm後装式連装迫撃砲を装備したAMOS

AMVの最大戦闘重量は25tに達するが、パワー・プラントには強力なスカニア・ディーゼル社のD212ディーゼル・エンジン（540hpまたは490hp）を採用しており、路上最大速度は100km/hを超える。

また、6×6、8×8とも全輪駆動、独立懸架サスペンションを採用しており、空気圧調節システムとランフラット・タイヤを組み合わせたこともあって、極めて良好な不整地踏破能力を持つ。

車体後部左右には、シュラウド・プロペラが装備されており、8〜10km/hで浮航す

149

（Advanced Mortar System）としている。AMOSは発射速度が高く、また同時弾着射撃や直接照準射撃も可能で、最大射程が10kmを超える高い能力を持つ迫撃砲システムで、スロベニアとUAEも120mm迫撃砲を単装として、砲塔を小型化したNEMOを導入している。

620輌の導入を決定し、現時点では最大のユーザーとなっているポーランドは、KTOロソマクの名称でライセンス生産しているロソマクと、アフガニスタン派遣のために改修を加えたロソマクM-1、装甲兵員輸送車型のロソマクM-3、装甲救急車型のロソマクWEM、スパイクLR対戦車ミサイルを運用する分隊の専用車輌、ロソマク-S、指揮通信車型のロソマク-WD、防空指揮車型のロソマク-Lowczaなど、多くの派生型が存在している。

264輌の導入を決めた南アフリカも、ポーランドと同様国内でライセンス生産を行なっているKTOロソマクにはオットー・メラーラ社製の30mm機関砲を備えたヒットフィスト砲塔を搭載した歩兵戦闘車型の

上から、AMOS搭載型、NEO搭載型、ロマソク120mm自走追撃砲ソマ（S. Kiyotani）、ロマソクICV型

南アフリカ陸軍のバジャー ICV (S. Kiyotani)

る。デネル・ランドシステムズ社が「バジャー」の名称で生産している南アフリカ国防軍向けのAMVには、ラーテルを後継するLCT 30砲塔を搭載した歩兵戦闘車型のほか、指揮通信車型、戦車駆逐車型、自動迫撃砲型などの開発も予定されている。初期評価用に15輌を導入したUAEは、前述したように一部の車体にNEMO迫撃砲システムを搭載し、残りの車体にBMP-3歩兵戦闘車の砲塔を搭載して試験を行なっている。このほか現時点で採用国は現れていないが、コックリル社製の53口径105㎜低反動ライフル砲を備えた、CT-TVT砲塔を装備した戦車駆逐車型なども開発されている。

汎用性に優れ、高い能力を持つAMVに対しては、多くの国が興味を示しており、ロッキード・マーチンはパトリアと共同で、アメリカ海兵隊のLAVシリーズの後継として、「ハボック」の名称でAMVを提案する事を決めている。

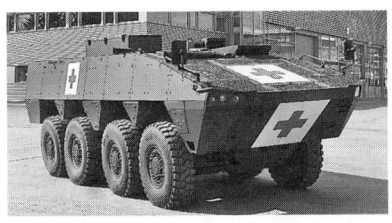

データ（8×8 APC型）

戦闘重輌	26,000 kg
全長	7.70 m
全幅	2.80 m
全高	2.30 m
路上最大速度	100 km/h 以上
路上航続距離	800 km
登坂力	60 %
転覆限界	30 %
超堤高	0.7 m
超壕幅	2.0 m
渡渉水深	1.5 m
主機関	スカニア DI12 ディーゼル・エンジン
出力	540 hp（490馬力も選択可能）
変速機	ZF エコマット 7HP902 オートマチック・トランスミッション（前進7段・後進1段）
乗員	11 名

FINLAND

パシ

（フィンランド）

「パシ」シリーズは北欧の小国フィンランドが、オリジナルで造り出した装輪装甲兵員輸送車である。「パシ」シリーズの原型となったXA180の最初の発注は、フィンランド国防軍向け50輛とPKO部隊向け9輛で、PKO部隊向け生産1号車は1984年8月、国防軍向け1号車は1984年11月に引き渡されている。なおフィンランド軍では、戦車旅団ではなく猟兵（エリート歩兵）旅団に配備されている。

「パシ」シリーズは6×6型の装輪装甲車で、重量が増加した後期生産バージョンを除いて水陸両用性を持

雪の多い北欧の車輪らしく、雪路の踏破性は高い

つ。車体は全溶接された装甲鋼板製で、傾斜面で構成された箱型でスマートな外形をしている。装甲厚は6～12mm程度で、小銃弾や弾片からの防御は可能とされている。車内配置は、前方から操縦室、エンジン室、兵員室となる。

前部の操縦室には左右に大きなウィンドウが設けられていて、非常に視界が良く操縦しやすい。兵員室には向かい合わせにベンチシートが設けられ、左右の側面には2カ所ずつの視察窓とピストルポートが設けられている。兵員の出入りは、通常車体後部の左右開きのドアから行われるが、上面にも3つのハッチが設けられている。

「パシ」シリーズにはエンジンなどが強化されたXA200シリーズなど、多くの派生型が存在しており、また指揮車や化学防護車等バリエーションも多い。

「パシ」ファミリーはボスニアでのPKO活動で注目を浴び、フィンランドのほかアイルランド、ノルウェー、スウェーデンなど8ヵ国と国連に採用され、現在までに1,200輛が生産されている。

データ（XA-180）

戦闘重輛	22,000 kg
全長	7.45 m
全幅	2.95 m
全高	2.6 m
底面高	0.4 m
出力重量比	12.31hp/t
路上最高速度	90 km/h
路上航続距離	800 km
登坂力	60 %
転覆限界	60 %
主機関	バルメ612DWIBIC6 気筒直列ターボチャージドディーゼル出力217 hp
トランスミッション	アリソンMD3560PRギアボックスオートマチック前進6段後進1段
懸架装置	リーフスプリング
主武装	12.7 mm 機関銃砲×1
乗員	11名

第8章
日 本

82式指揮通信車／化学防護車

（日本）

JAPAN

82式指揮通信車は、戦後初めて実用化された国産の装輪装甲車だ。名前のとおり指揮通信を担当する車輌で、CCV（シーシーブイ／Command and Communication Vehicle）と呼ばれることもある。おもな配備先は師団司令部や普通科連隊本部、特科連隊本部などで、現在までに約230輌が生産されている。

戦後初めての国産装輪装甲車となった82式指揮通信車 (Trampers)

開発は1974年から始まり、小松製作所製の4×4車と三菱重工製6×6車が試作された。1978年からは方針を改めた小松製作所によって6×6車の試作が始められ、技術試験、実用試験を経て、1982年に82式指揮通信車として制式化された。

この種の指揮車輌は、兵員輸送車をベースとした派生車として造られることが多く、初めから専用車輌として造られるのは珍しい。

車体は圧延防弾鋼板の溶接構造で、中央にエンジンを搭載したセンター・エンジン式となっている。車体内部は前部に操縦室があり、右側に操縦手席、左側に助手席、エンジンを挟んで車体後部が兵員室となっている。

搭載エンジンは、いすゞ自動車製の10PB1水冷90度V型4ストローク10気筒ディーゼル（305hp）で、通常は第2軸、第3軸のみ駆動する6×4だが、必要に応じて第1軸を駆動させて6×6の全輪駆動にすることも可能である。路上最大速度は100km/hまで出せ、装輪式のため乗り心地はいいものの、変速がマニュアル・シフト（6段変速）でかつ視界も狭いため運転は結構難しそうだ。

タイヤは、サイズ14.00×R20のブリジストン製のコンバット・タイヤであるが、一世代前のタイヤのため96式装輪装甲車などとの互換性はない。なお、本車にはスタッドレス・タイヤの設定がないため、泥濘地や雪上を走るさいはチェーンをはめる。

車体後部の兵員室は、各種通信装置及びその要員のためのスペースのため、内部に机などを設けられるよう天井が一段高くなっており、ここに6名の指揮通信要員が搭乗する。

後部兵員室の上部左側には展望塔（キューポラ）が、右側には12.7mm重機関銃M2用の銃架の付いたハッチが設けられている。武装は、車体後部上面の12.7mm重機関銃に加えて、必要に応じて助手席上面のハッチ前方の銃架に62式機関銃また

154

派生型の化学防護車

バリエーション車輌には、化学防護車がある。82式指揮通信車をベースに各部の密閉度を上げ、車内に各部の密閉度を上げ、化学剤や放射性物質から乗員を防護するようにしたもので、車内には空気浄化装置や放射線測定器、ガス検知器などが搭載されている。また放射線対策のために車体の全周に渡って鉛が封入されているため、乗員は防護服などを着用することなく各種測定や検知が可能になっている。

車体上面には地磁気方位計と風向測定機を装備しているほか、車体後部には折畳式のマニュピレーター、汚染エリアを示すための汚染表示装置、87式偵察警戒車と同様のバックカメラを装備している。

固有武装の12.7mm M2重機関銃は82式と同様のミニミ機関銃を装備することができる。

化学防護車（Los688）

また、原子力災害時には、高速中性子を減速する特殊なパネルと鉛ガラスからなる中性子遮蔽セットを車体前部に装着することができる。

ただしこれらの装備により車輌重量が82式の13.6tから14.1tに増加したため、最高速度は95km/hに低下している。

おもな配備先は、各師団・旅団の化学防護・特殊武器防護隊や中央即応集団隷下の中央特殊武器防護隊で、現在までに約30輌が配備されている。

位置、車体後部上面の車長用ハッチの場所に装備しているが、本車の運用状況を鑑みて車内からも操作可能な73式装甲車のリモコン式を搭載しており、キューポラごと採用している。

データ　（　）内は化学防護車

戦闘重量	12,600 (14,100) kg
全長	5.72 (6.1) m
全幅	2.48 m
全高	2.38 m
底面高	0.45 m
車内燃料搭載量	230 ℓ
出力重量比	22.4 hp/t
路上最大速度	100 (95) km/h
路上航続距離	500 km
渡渉水深	1.0 m
超堤高	0.6 m
超壕幅	1.5 m
登坂力	約60 %
主機関	いすゞ10PB1 水冷4サイクル10気筒ディーゼル
出力	305 hp
トランスミッション	前進6段後進1段（副変速機2段付き）
懸架方式	トレーリングアーム
主武装	12.7mm 重機関銃 M2
副武装	62式 7.62mm 機関銃 またはミニミ 5.56mm 機関銃
弾薬搭載量	12.7mm 機関銃弾 500発、7.62mm または 5.56mm 機関銃弾 3,200発
乗員	8 (4) 名

87式偵察警戒車

(日本) JAPAN

87式偵察警戒車は、偵察や警戒をおもな任務とする国産の装輪式装甲車輌で、Reconnaissance Combat Vehicleを略してRCV（アールシーブイ）とも呼ばれる。

動力・駆動系に82式指揮通信車のコンポーネントが使われている87式偵察警戒車（Trampers）

開発は、1978年度予算で82式指揮通信車（当時はまだ試作車）のコンポーネントを用いて1輛試作された機関砲搭載車に始まる。この試作車は小松製作所製で、73式装甲車で試験されたラインメタル社製の20mm機関砲を搭載していたが、あくまでもその発射反動と命中精度の確認のための車体であり、砲塔・砲架・砲塔・車体・足周りなどの研究用であった。また同時期には、三菱重工製のB型試作車の車体を流用した射撃架台車も造られ

ている。

その後、搭載する機関砲として25～35mmまでの様々なメーカーのものが検討された結果、最終的にエリコン社製の25mm機関砲が重量バランスと機関部のコンパクトさから採用された。そして1983年度からは本格的な開発に移行し、同年にまず25mm機関砲を搭載した砲塔が2基製作され、翌年に製作された車体2輛と組み合わせられる形で2輛の全体試作車が造られた。1985年からはこの試作車2輛を用いて各種試験を実施し、1987年に87式偵察警戒車として制式化されたのである。

車体は防弾鋼製で、浮航能力は持っていない。82式指揮通信車と同じ3軸6輪形式が採用されており、パワートレイン関係のコンポーネントは82式指揮通信車のものが流用されているが、エンジンの搭載位置が違うなど共通性は低い。車体中央部には砲塔が搭載されており、右側に操縦手席、左側に斥候員席が置かれている。エンジンは車体後部右側にあり、砲塔のすぐ後ろの車体後部には砲塔搭載用と斥候員用にそれぞれ後ろ向きの偵察員席がある。車体前部に操縦手用と斥候員用のハッチが設けられているほか、車体右側面の第1輪と第2輪の間および左側面の第2輪と第3輪の間に乗降用の扉が設けられている。さらに、後部の偵察員は、車体後部左側の狭い通路を通って後面左側にある扉から乗り降りすることもできる。

砲塔も防弾鋼製で、右側に車長、左側に砲手が搭乗する。砲塔上面右側に車長用展望塔（キューポラ）と、それぞれ設けられている。また、砲塔上面左側面には3連装または4連装の発煙弾発射器が各1基ずつ装備さ

156

砲塔の主武装にはエリコンKBA25mm機関砲が搭載されている（Trampers）

主砲はエリコンKBA25mm機関砲が搭載されている。給弾はダブル・フィード（二重給弾）式で、弾種選択レバーの操作によって徹甲弾系と榴弾系を切り替えられるようになっている。

装弾筒付き曳光徹甲弾を使用した場合、距離2,000mで傾斜角30度の25mm装甲板を貫通する威力がある。主砲の高低射界は-10～+45度だが、後方約110度の範囲は俯角が取れない。なお主砲の右側には74式車載7.62mm機関銃が同軸に装備されている。

87式は、偵察車輌として各師団/旅団直轄の偵察隊や、戦車連隊/戦車隊令下の偵察小隊などに配備されている。調達は1988（昭和63）年度から開始され現在でも調達が続けられているが、現在までに100輌以上が導入されており、調達価格は1輌約2億5,000万円である。

25mm機関砲だけではなく対戦車ミサイルを装備すべきだという考えもあるが、あくまでも偵察活動が主任務であるため対戦車ミサイルの装備はいたずらに車輌価格の高騰を招くだけで不必要であるという意見も一方で言われており、性格としてはスペインのVEC騎兵偵察車によく似ているといえよう。最先端でも独創的でもないが、平均的な水準の車輌といえるだろう。

データ

戦闘重量	15,000 kg
全長	5.99 m
車体長	5.525m
全幅	2.48 m
全高	2.80 m
底面高	0.45 m
車内燃料搭載量	230ℓ
出力重量比	20.33 hp/t
路上最大速度	100 km/h
路上航続距離	500 km
渡渉水深	1.0 m
超堤高	0.6 m
超壕幅	1.5 m
登坂力	60 %
主機関	いすゞ10PB1 水冷4サイクル10気筒ディーゼル
出力	305 hp
トランスミッション	前進6段後進1段（副変速機2段付き）
懸架方式	トレーリングアーム
主武装	エリコンKBA25mm機関砲
副武装	74式車載7.62mm機関銃
弾薬搭載量	12.7mm機関銃弾400発、7.62mm機関銃弾4,000発
乗員	5名

96式装輪装甲車

JAPAN

（日本）

富士教導団普通科教導連隊の96式装輪装甲車 (Trampers)

96式装輪装甲車は、国産のAPC（装甲兵員輸送車）としては初めて装輪式が採用された車輌（82式は指揮通信車）で、Wheeled Armored Personnel Carrierを略してWAPCとも呼ばれる。

開発は1992年から小松製作所で始められ、1994年までに試作車が4輌製作された。そして翌95年から技術試験や実用試験が行われ、1996年に制式化されたのである。

車体は防弾鋼板の全溶接製で、浮航能力は無い。4軸8輪形式で、駆動軸は後ろの2軸のみと4軸を切り替えることができる。

車内配置は車体前部左側がエンジンルーム、反対側の前部右側に操縦手席、その後ろに車長席が置かれている。車長席の反対側には補助席が設けられており、さらに後方の後部乗員室の左右にベンチシートが計8名分備えられている。後部乗員室への乗降は、車体後面の油圧式ランプ・ドアから行うことができる。このランプ・ドアの左側には片開きの扉が設けられており、これを使って乗降することもできる。後部乗員室の両側面には、耐弾ガラスの入った窓が左右各2ヶ所あり、外部への視界を確保している。

エンジンは三菱ふそう製のトラック用エンジンである6D40水冷直列6気筒ディーゼルが搭載されており、これに前進4速/後進1速のトルコン付オートマチック変速機が組み合わされている。

操舵は前4輪がステアリングする。タイヤは中子式のコンバット・タイヤで、若干の被弾であれば走行を続けることができる。また従来の82式指揮通信車や87式偵察警戒車と違いスタッドレスタイヤが装着できるようになっており、北日本や日本海側の部隊などでは冬期はノーマルタイヤから履き替えている。

車長席上のキューポラ前方に装備された96式40mm自動擲弾銃 (Trampers)

158

(Trampers)

ステアリングは前部の1・2軸で行い、また路面の状況に応じて接地圧を変えることが可能な空気圧自動調整装置（CTIS）も標準で装備している。

車長席の上部には展望塔（キューポラ）が設けられており、ここに96式40㎜自動擲弾銃か12・7㎜重機関銃M2が装備される。どちらも全周旋回が可能で、高低射界は自動擲弾銃が-10°～15°、重機関銃が-10°～60°となっている。自動擲弾銃は銃架から取り外して使用することもでき、その際に使用される三脚も搭載されている。

なお公道移動時は、操縦席に外装式のガラス製の風防を装着することがある。これはハッチから顔を出して長時間運転する操縦手の疲労軽減や、視界確保を目的としたもので、上部にはワイパーまで備えているが、当然ながら平時の運用を考慮したもので防弾性などは一切ない。

本車は現在までに約35

0輌が生産されているが、基本的には北海道の第7師団以外の師団・旅団に優先的に配備されているため、北海道では戦車や普通科部隊だけでなく、施設や通信、後方支援部隊など幅広く運用されているのに対して、本州以南では戦車部隊の本部車輌および後方支援連隊の戦車直接支援隊にしか配備されていない。

仮に82式指揮通信車を開発する時点で、この程度の車体規模を持つ車両を造っていたならば、装甲兵員輸送車、指揮通信車、偵察警戒車等をすべて共通化することで、コストダウンが図れ、さらに整備、教育の合理化など、さまざまなメリットがあったはずで惜しまれる。

ちなみに最近では、車体外周に装甲を増設し、車長用キューポラの周囲に防弾板を装備したII型も登場しており、このタイプは海外派遣の主任務とする中央即応連隊などに重点的に配備されている。

データ

戦闘重量	14,500 kg
全長	6.84 m
全幅	2.48 m
全高	1.85 m
底面高	0.45 m
出力重量比	21.0 hp/t
路上最大速度	100 km/h
路上航続距離	500 km 以上
渡渉水深	1.0 m
超堤高	0.5 m
超壕幅	2.0 m
登坂力	60 %
主機関	三菱 6D40 水冷 4 サイクル直列 6 気筒ディーゼル
出力	360 hp
トランスミッション	前進 6 段後進 2 段
懸架方式	第1軸および第2軸はダブルウィッシュボーン、第3軸および第4軸はトレーリングアーム
主武装	96式 40㎜ 自動擲弾銃 または 12.7㎜ 重機関銃 M2
弾薬搭載量	40㎜ 自動擲弾 500 発 または 12.7㎜ 重機関銃弾 600 発
乗員	10 名

軽装甲機動車

JAPAN 〔日本〕

(S. Kiyotani)

(Los688)

軽装甲機動車は、陸上自衛隊の中で最も導入の多い装甲車輌で、2001年から調達が始められたが、最盛期には180輌の導入が続くなどして現在までに1,600輌以上が調達されており、高機動車とともに陸自の機械化を達成した功労者となっている。

開発計画は1994年から始まり、「小型装甲車」の名称で1997年12月から翌98年12月にかけて第一次試作車4輌が製作され、この4輌で、1999年から2000年にかけて各種性能確認試験を行なった。また1999年中にはこの4輌に引き続いて第二次試作車3輌も追加製作され、この7輌を用いて小隊運用を想定した試験も2000年下旬に実施されている。こうして所定の各種試験をクリアーすると、同年11月には部隊使用承認（制式化ではない）が認められ、名称も「軽装甲機動車」に改められて導入が開始されたのである。

車体は2軸4輪の4ドア車だが、他の陸自装甲車輌とは違い防弾鋼板ではなく民生用のハイテンション鋼板を用いることでコストダウンを図っており、さらに部品の多くをこれまた民生品大量導入および年次改良を可能とした。そのため他の装甲車輌と違い制式採用としていないところが特徴で、仮制式に留めたため○○式と名称に付かず、単に「軽装甲機動車」となっている。

固有の武装は装備されないが、乗員室上面には円形の大型ハッチが設けられており、正面の銃架には5・56㎜機関銃MINIMIを1挺装備できる他、同時期に採用された01式対戦車誘導弾の射撃が可能となっている。また、車体後部の両側面

には車体によっては各4基の発煙弾発射器が装備されているものも存在する他、偵察型と呼ばれるタイプでは大型の雑具ラックを装備していることもある。

足回りは4WDで、前輪がダブルウィッシュボーン、後輪がセミトレーリングアームの4輪独立懸架となっているが、高機動車とは違い4WSではないので、最小回転半径は約6・5mと高機動車の5・6mよりも大きくなっている。

車体サイズは航空自衛隊の装備するC-130ハーキュリーズ輸送機に搭載できる大きさになっているので海外への急速展開が可能であり、さらにはCH-47チヌーク輸送ヘリによる機外けん吊での運搬や、C-130輸送機からの空挺投下も可能である。

そして96式装輪装甲車が通れないような狭い道にも入っていくことが可能なため、市街戦を想定したゲリコマ対処では高い有用性を持っているといえよう。

なお本車は2006年以降に導入された車体から小改良が施されるようになった。具体的には側面および後部ドアのガラス窓の防弾性の向上や、車体後部へのスペアタイヤと燃料携行缶用ラックの取

（Los688）

付具の増設、そして車体後部ドア下部への牽引フックの標準装備などである。

また本車は、陸自の装甲車輌として初めてクーラーが標準装備された車輌でもあり、これはイラクに派遣された際に非常に役立ったそうで、現地のアメリカやオランダの将兵から羨ましがられたそうである。

軽装甲機動車は、装甲は薄いが長距離移動での機動力が高く、海外でのPKO任務にも向いている。冷戦終了後の時代の変化にマッチした車輌といえるだろう。

ちなみに近年では航空自衛隊も基地警備用に導入を行なっており、すでに約120輌が導入されて日本各地の基地／分屯基地で運用されている。

（Los688）

データ

戦闘重量	4,500 kg
全長	4.2 m
全幅	2.0 m
全高	1.8 m
路上最大速度	100 km/h
武装	固有の装備は無し
乗員	4名

NBC偵察車

(日本)

地下鉄サリン事件や福島第一原発事故で注目を浴びた陸自化学科の最新装備がNBC偵察車である。
本車は化学防護車と生物偵察車の統合後継として開発が計画され、2005年（平成17年）度より試作に着手し、各種試験の後、2010年度に制式化され、同年度予算より調達が開始されている。

ベース車体は当初、96式装輪装甲車が検討されていたが、各種装輪戦闘車輌のコンポーネントの共用化を図った「将来装輪戦闘車輌」の開発計画が2000年頃より始まったことから、本車もライフサイクルコスト等を考慮して、それらとファミリー化を図ることになり、新型車体での開発に切り替えられた。

車体構造は、前部が操縦室、車体中央右側に機関室、車体後部が計測室となっており、操縦室に2名（操縦手と車長）、計測室に2名（観測員2名）の計4名が固有の乗員とされている。

乗員の乗降は、操縦室の左右両側面に設けられたドアもしくは、車体後部の片開き式ドアから行う。この車体後面の乗降ドアの右側には大型のボックスが装備され、ここにはサンプル採取用のマジックハンドや化学剤センサーが収容されている。

本車は従来の化学防護車とは違い、乗員が中からゴム手袋を用いてマジックハンドを伸ばすタイプになっている。これはマニピュレーターではなく、乗員が中からゴム手袋を用いてマジックハンドを伸ばすタイプになっている。これはマニピュレーターでは細かい作業がしにくいといった欠点があったからである。

また8ヶ所あるホイルハウスには、汚染地域から離脱する際に各タイヤに付いた汚染物質を洗い流すための噴射ノズルが装備されている。

なお車体上面には風向センサーや地磁気方位計、生物剤検知装置のエアロゾル取り入れ口や化学剤監視装置等が装備されており、その前方左側には自衛用として化学防護車と同じくリモコン式の12.7mm重機関銃を装備している。

本車は全国の化学科部隊に配備する予定のため、約50輌の調達が計画されている。

（津川裕輝）

データ

全長	8.00 m
全幅	2.50 m
全高	3.20 m
重量	約20 t
乗員	4名
主武装	12.7mm重機関銃 M2×1
エンジン	4サイクル水冷ターボディーゼル
最高速度	95 km/h
メーカー	小松製作所

機動戦闘車

(日本)

(防衛省技術研究本部)

政府は、平成22年に策定した新防衛大綱において陸自の戦車定数を400輌と定めたが、これを補完するための「装輪戦車」として現在、開発が進められているのが機動戦闘車である。2008年度(平成20年)頃より開発が始まった本車は、現在の計画では2015年度(平成27年)に開発完了を予定しており、うまくいけば翌2017年頃(平成29年)より部隊配備が開始されるものと思われる。

機動戦闘車は現時点では開発中のため、車体サイズといった基本的なデータがいまだ判明していない。しかし離島への空輸が可能なように、車重を26t以下にするということはわかっており、また搭載砲も74式戦車の弾薬が使えるよう105mmライフル砲を搭載するということが判明している。さらにコンポーネントを共用化するNBC偵察車が制式化されたため、エンジン形状などは同車の情報を参考にできる。

このNBC偵察車と共通のエンジンは、4サイクル水冷ターボディーゼルで、これにオートマチック変速機が組み合わせられていると考えられる。出力は約400hpと推定される。

また日本の道路は左側通行のため、操縦席(運転席)は10式戦車や90式戦車とは違い、96式装輪装甲車や87式偵察警戒車などと同様に右側に設けられることになると考えられ、操縦席周りも自動車用の円形ハンドルを中心とした96式装輪装甲車と同様のレイアウトになると思われる。

主砲は前述したように105mmライフル砲を搭載するが、重量が軽く戦車よりも安定性の悪い装輪車輌に搭載するため、砲安定装置や射撃統制装置などは高性能なものが搭載されると思われる。ただし本車の砲弾は、90式戦車や10式戦車とは違い焼尽薬莢ではないため、射撃後の空薬莢をどうするかという問題も存在する。なおこれまでに技術研究本部等が公表したイメージCG等から推定すると、砲塔は無人砲塔ではなく、イタリアのセンタウロや南アフリカのロイカット等に近似した車長と砲手が乗りこむ形の有人砲塔タイプのようである。

ちなみに開発には10式戦車の技術が応用されているとのこと

で、105mm砲の反動吸収技術にアクティブサスペンションなどの制動技術が用いられている他、照準装置や射撃統制装置、そしてデータリンク・システム等にも10式のシステムが流用されるものと考えられる。

戦車と同様の旋回式砲塔に、74式戦車と同レベルの攻撃力を発揮する105mm砲を搭載しているため、一見すると戦車と同じように使えそうにも思えるが、機動性を重視しているため装甲は薄く、機関砲弾クラスまでの防御力しかない。対装甲戦では軽戦車までの戦闘を想定している。

そのため実質的には戦車駆逐車というのがふさわしく、あくまでも火力支援車としての位置付けでしかないが、火力と防御力を兼ね備えた戦車がその重量から空輸は無理で、長距離移動時にも専用の輸送用トレーラーが必要なのに対し、本車であれば高速道路を使って速いスピードで移動でき、また大型輸送機での空輸も可能であるため、有効性が高いとして開発されているのである。

配備先は現時点では、偵察部隊にも87式偵察警戒車と同様の運用方法で配備されるといわれているほか、もしかすると対戦車装備ということで普通科の対戦車部隊にも配備されるかもしれない。

いずれにせよ機動戦闘車は、自動車と同様に移動でき、戦車と同レベルの攻撃力を併せ持つ、そんな使い勝手の良い戦闘車輌と言えるだろう。空自の新型輸送機C-2を使って空輸も可能な本車は、即応展開能力が高く、ゲリコマの主要戦力、離島奪回の切り札として期待されている。

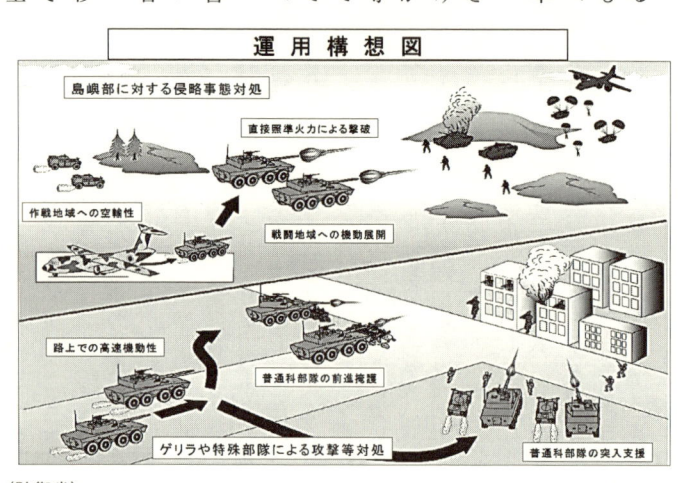

運用構想図

島嶼部に対する侵略事態対処
直接照準火力による撃破
作戦地域への空輸性
戦闘地域への機動展開
路上での高速機動性
普通科部隊の前進掩護
ゲリラや特殊部隊による攻撃等対処
普通科部隊の突入支援

(防衛省)

データ
未定

164

第9章
中 国

CHINA

VN-1／09式「雪豹」

（中国）

VN-1（07P式）は中国の中国北方工業集団公司（NORINCO）が販売を担当している8×8の装輪装甲車だ。

VN-1は内蒙古第1機械製造集団公司が、人民解放軍の09式歩兵戦闘車「雪豹」をベースとした輸出用8輪装甲車だ。

09式の開発はWZ-551などの開発経験を持つ中国兵器工業256廠の後身である、重慶鉄馬工業集団有限公司と、FM-90自走式地対空ミサイルのプラットフォームとなった6×6装甲車などを手がけた内蒙古工業集団有限公司、済南中国重型汽車集団の3社の競作によって行なわれた。

だが、装輪装甲車の開発経験を持たない済南中国重型汽車集団は早々に脱落し、重慶鉄馬工業集団有限公司と内蒙古工業集団有限公司が試作車の製造段階に進み、最終的に内蒙古工業集団有限公司の案が採用された。

人民解放軍は新たに開発する8×8装輪装甲車を共通の兵器プラットフォームとする方針を持っていたため、これに沿う形でパワー・プラントのレイアウトなどの手直しなどが行われた。このため09式として採用された際には当初の設計とは若干異なる車輛となった。

09式の車体は均質圧延鋼板製で、車体前面は12.7mm弾、側面は7.62mm弾の直撃に耐える。セラミック複合材を用いた増加装甲も用意されており、装着すれば車体前面は25mm機関砲弾、側面は12.7mm弾の直撃に耐えるとされている。

パワー・プラントは6気筒ターボチャージド水冷ディーゼル（440hp）が採用されており、前進9段、後進1段のマニュ

VN-1A（S. Kiyotani）

VN-1A（S. Kiyotani）

166

アル・トランスミッションと組み合わされている。サスペンションは前の4輪がマクファーソン・ストラット式、後ろの4輪が油気圧懸架式で、動力伝達機構にはH型伝達機構を採用している。浮航能力も付与されており、車体後部にはスクリュー・プロペラが装備されている。

武装は30㎜機関砲と7・62㎜同軸機関銃を備えた二人用砲塔で、砲塔前面には30㎜スモーク・グレネード・ランチャーが30㎜機関砲を挟む形で2基、砲塔両側面にHJ-73対戦車ミサイルが各1基装備されている。砲塔上面には衛星通信用アンテナが装備されており、中国版GPSとでも言うべき「北斗」を利用して位置情報の確認が行なえる。

前述したようにこの09式を人民解放軍は09式と位置付けており、歩兵戦闘車型のほか、装甲兵員輸送車型、105㎜砲を装備した戦車駆逐車型、指揮通信車型などの派生型も数多く開発されている。

VN-1はこの09式をベースに開発されている。車体は09式と同じく均質圧延防弾鋼板製で、車体前面は100mの距離から発射された12・7㎜弾、側面は同じく100mの距離から発射された7・62㎜弾の直撃に耐えられる。また、必要に応じて増加装甲の装着も可能とされており、増加装甲を装着した場合、車体前面は1,000mの距離から発射された25㎜徹甲弾、側面は100mの距離から発射された12・7㎜徹甲弾の直撃に耐えるとされている。

兵員室の座席は対地雷防御を考慮して、フローティング・シートが採用されている。兵員室には人間工学を考慮した設計が施されており、動力部と兵員室の間は断熱、防音、防振の効果を持つ隔壁が設けられており、また、長期間の作戦を想定して簡易式のトイレも設置されている。

パワー・プラントはDeutz社のBF6M1015FC 6気筒ターボチャージド水冷ディーゼル(455hp)が採用されており、前進9段、後進1段の擬似オートマチック・トランスミッションと組み合わされている。サスペンションは前の4輪がマクファーソン・ストラット式、後ろの4輪が油気圧懸架式で、動力伝達機構にはこの種の車輌としては珍しい、H型伝達機構を採用している。VN-1は浮航能力も付与されており、車体後部にはスクリュー・プロペラが装備されている。

VN-1の指揮通信型(上)と回収車型(下)

車体中央上部には30mm機関砲と7.62mm機銃を備えた一人用の全周旋回式モジュール砲塔「GCTWM」が装備されている。30mm機関砲はデュアル・フィード式で、連射のほか単射、3〜5発または5〜7発のバースト射撃を行なうことができる。砲の俯仰角は-6°から+60°で、仰角が大きく、また簡易型ながら射撃統制装置も装備しているため、対空目標への攻撃も可能とされている。射撃用のセンサーは光学／レーザー測遠器と微光増幅式暗視装置が備えられているが、砲の安定化がなされていないため、行進間射撃は困難と見られる。また、GCRWM砲塔の右側部には、最大射程距離3,000mのHJT-73対戦車ミサイルが装備されている。

VN-1はベトロニクスも充実しており、GPSナビゲーターや車輌および航空機などと情報を共有できる、バトル・マネジメント・システムが標準装備されている。また、エアコンも標準装備となっている。

派生型としてはライフル式105mm戦車砲を搭載した105mm装輪戦車駆逐車も提案されている。高度な管制システムを備え、105mm砲からは射程5,000mの対戦車ミサイルも発射可能である。増加装甲とドーザーを組み合わせた都市戦用のキットも用意されている。その他指揮通信車、回収車などが開発されている。

また、NORINCOは後部キャビンを高くしたVN-1Aも開発している。VN-1Aは車内容積を大幅に拡大し、搭乗できる下車歩兵は7名から13名に増えている。NORINCO社はVN-1の輸出に力を入れ、ヨルダンなどに提案を行っているが、現時点では採用国はない。

VN-1戦車駆逐車

データ（歩兵戦闘車型）

戦闘重量	21,000kg
全長	8.0m
全幅	3.0m
全高	2.10m
路上最大速度	100km/h
路上航続距離	800km
主機関	BF6M1015FC 6気筒ターボチャージド水冷ディーゼル
出力	455hp
主武装	30mm機関砲
副武装	7.62mm機関銃、HJT-73対戦車ミサイル
乗員	2 (+13) 名

07式／Type07PA

（中国）

07式はポーリーテクノロジー（保利科技有限公司）が2009年に発表したAPC（兵員輸送装甲車）だ。人民解放軍が要求した主力8輪装甲車プログラムにNORINCOのVN-1と共に応じたがVN-1に破れた模様だ。だがこのプログラムとは別に07式も人民解放軍で歩兵戦闘車として採用され、2010年から生産や配備が始まっているようだ。恐らくはメーカーの救済策ではないだろうか。

戦闘重量は15.6tで、車体は鋼鉄製装甲版を溶接したモノコックだ。前部左に操縦手席があり、その右手に335hpのディーゼルエンジン、ドン・フェン＝カミンス社の6LTAA8.9-C340が搭載されている。水陸両用で4km/hで水上航行が可能だ。

装甲はNATO規格のレベル1程度で、7.62mm弾に耐えられる程度だと推測される。ルーフには主砲に30mm機関砲と、7.62mm同軸機銃を有する動力式の砲塔を搭載している。下車歩兵は7名が搭乗できる。ナイトビジョン、NBCシステムは標準装備である。

派生型としては120mm自走迫撃砲が存在する。120mm迫撃砲は後装式で長い砲身を有し、最大射程は500～8,500mだ。直接照準で形成炸薬弾を射撃することもでき、その場合は最大射程が9,500メートルとなっている。砲塔は360°旋回が可能で、副武装として砲塔上に12.7mm機銃が装備されている。乗員は4名となっている。

120mm自走迫撃砲型

データ（歩兵戦闘車型）

戦闘重量	15,600 kg
全長	7 m
全幅	2.65 m
全高	2.83（車体 2.08）m
最大速度	100 km/h（水上 4 km/h）
主機関	ドン・フェン＝カミンス社6LTAA8.9-C340 335 hp
主武装	30 mm 機関砲 × 1
副武装	7.62 mm 機銃 × 1
乗員	3+7 名

CHINA

WZ523／WZ551

（中国）

中国初の実用装輪装甲車

WZ523は、NORINCO社が中国で初めて実用化した装輪式の装甲兵員輸送車（APC）である。1984年に北京で行われた人民解放軍のパレードで初めて公開され、1997年には香港とマカオに展開する人民解放軍への配備が確認されている。現在は香港とマカオに駐留する人民解放軍と、国内の治安維持を担当する人民警察に配備されていると見られる。人民警察用の車輌はZFB91という名称で呼ばれている。なお、WZ523からは指揮通信車型や自走対空ミサイル型などの派生型が開発されているが、いずれも実用化には至っていない。

車体は鋼製で、エンジンは中央部に搭載されている。浮航能力を持っており、車体後部のウォーター・ジェットによって推進される。武装は54式12.7mm機関銃1挺で、後部兵員室上面に装備されている。

初期型は同クラスの車輌と比較すると出力重量比が低く、機動性が低かったため、後に改良型のWZ523Aが開発されており、現在人民解放軍が使用しているのは大多数がこのタイプだ。エンジン出力を211hpに強化して、最高速度を100km/hに向上させ、小型密閉砲塔を装備したの輸出型のWZ5237は、ガボン、ナミビア、ニジェール、チャドに採用されている。

豊富なバリエーションを持つWZ551

WZ551は、中国北方工業公司（NORINCO）で開発された装輪式の装甲兵員輸送車である。全体の印象はフランスのVABに非常によく似た6×6車だ

12.7mm及び7.62mm機銃を搭載した銃塔を有するWZ551APC型（S. Kiyotani）

スリランカ軍のWZ551の歩兵戦闘車型（Chamal N）

が、全体の寸法はやや大きい。車体は鋼製で、車体前部には、右側に車長席、左側に操縦手席が置かれている。車体中央部にはエンジンが搭載されている。車体後部は兵員室となっており、両側面と後面の乗降用ドアにはガン・ポートが設けられている。

WZ523がパワー不足で泣かされた反省を受けて、WZ551は320hpのBF8L413Fターボ・チャージド空冷ディーゼルを採用しており、走行性能は大幅に改善されている。タイヤは道路状況によって車内から空気圧を調整でき、またタイヤが破損しても30km/hで100kmの走行が可能とされている。

基本タイプの装甲兵員輸送車の武装は、兵員室上面に12.7mm機関銃が装備されている。歩兵戦闘車タイプには、25mm機関砲と7.62mm機関銃をオーバーヘッド式に装備

WZ551のバリエーション（NORINCO）

WZ551の回収車(左上)、対空型(右上)、野戦救急車(左下)、治安維持型(右下)

データ

WZ523

戦闘重量	11,200 kg
全長	6.02 m
全幅	2.55 m
全高	2.73 m
出力重量比	14.73 hp/t
路上最大速度	80 km/h
路上航続距離	600 km
主機関	EQ6105 水冷ガソリン
出力	165 hp
武装	54式12.7mm機関銃×1
乗員	2+10 名

WZ551

戦闘重量	15,000 kg
全長	6.73 m
全幅	2.86 m
全高	2.89 m
出力重量比	21.33 hp/t
路上最大速度	90 km/h
路上航続距離	800 km
主機関	デウツ BF8L413FC 空冷V型8気筒4サイクル・ディーゼル
出力	320 hp
武装	25mm機関砲×1、7.62mm機関銃×1
懸架方式	コイル・スプリング
乗員	2+11 名

した1名用砲塔、ロシアで開発されたBMP-1の砲塔をコピーした1名用砲塔、フランス・GIAT社製の25mm機関砲装備の1名用砲塔、30mm機関砲と7・62mm機銃、対戦車ミサイルを組み合わせた砲塔を装備したタイプも確認されている。

また、WZ551はバリエーションも多く、100mm戦車砲や105mm戦車砲を搭載した戦車駆逐車や、車体後部に120mm榴弾砲の砲塔を搭載した装輪式自走砲、指揮通信車や砲兵観測車なども開発されている。また、試作された派生型の中には4×4、8×8タイプも存在している。

WZ551は人民解放軍や人民警察に多数が採用されているほか、アルゼンチン、ボスニア、チャド、ケニア、ネパール、オマーン、パキスタン、スリランカ、スーダン、タンザニアなどにも輸出されている。

CHINA

05式（ZFB-05）「新星」

（中国）

05式は中国の陝西宝鶏専用汽車有限公司が、プライベート・ベンチャーで開発した4×4の軽装甲車だ。05式には二つのタイプが存在しており、防弾ガラスに囲まれた操縦席を持つタイプはB型、開閉式ハッチを持つタイプはA型として区別されている。なお、A型は高脅威環境下ではハッチを閉じて、3基装備されたペリスコープを用いて操縦を行なう。

車体は防弾鋼板製で、試作の段階では国産の防弾鋼板を用いていたが、加工上の問題から後にスウェーデン製の高張力防弾鋼板に変更されている。車体の防御力は100mの距離から発射された、7.62mm弾の直撃と砲弾片に耐えることが可能で、また車体下で爆発した5kgのTNT火薬の爆風にも耐えるとされている。ただし、人民解放軍のPKO部隊として派遣された際には、5.56mm弾に車体を貫通された話もある。

シャシーはイタリアのピューマなどと同じ、イタリアのイヴェコ社製NJ2046四輪駆動車のものをそのまま流用しているほか、パワー・プラントもイヴェコ社製のディーゼル・エンジンを搭載している。武装は通常12.7mm機銃を1挺搭載するが、35mmグレネード・ランチャーの搭載も可能とされている。また38mm催涙弾の9連装ランチャーも装備している。

05式は人民解放軍のPKO部隊や中国武装警察のほか、バングラデッシュ、コンゴ、チャド、ニジェールなどでも採用されている。また、対戦車ミサイルを搭載した戦車駆逐車型、装甲救急車型、指揮通信車型などの派生型も数多く開発されている。

開閉式ハッチにペリスコープを持つA型

データ　（05式A型）

戦闘重量	5,500 kg
全長	5.20 m
全幅	2.23 m
全高	2.28 m
路上最大速度	100 km/h
路上航続距離	850 km
主機関	イヴェコ SOFIM 8142.43型 直列4気筒　水冷ディーゼル
出力	116 hp
武装	12.7 mm機関銃（35 mmグレネード・ランチャーまたは20 mmチェーン・ガンの搭載も可能）、38 mm催涙弾9連装発射機
乗員	2名＋兵員7名

FM-90

CHINA（中国）

FM-90は捜索ユニット車（上）と射撃ユニット（下）の組み合わせで使用される

FM-90は中国のCPMIEC社が開発した地対空ミサイル・システムHQ-7の改良型HQ-7Bを、6×6の装輪装甲車に搭載したものだ。もっともシステムそのものは、フランスが開発したクロタールをベースとしており、純然たる中国国産のシステムとは言えない。クロタールをベースとする事に関しては、中仏両国で合意があったという話もあるし、中国のコピー・エンジニアリングにフランスが暗黙の了解を与えていたという話もあり、真相はわかっていない。

HQ-7はミサイルと追跡用レーダーを搭載する射撃ユニット車、捜索用レーダーと管制装置を搭載する捜索ユニットで構成され、通常は射撃ユニット車2～3輌と、捜索ユニット車1輌で1個小隊を編成する。HQ-7の車載型はFM-80と呼ばれ、人民解放軍のほかパキスタンやイランにも輸出された。

HQ-7の原型であるクロタールは1960年代に開発されたシステムのため、近年では陳腐化が否めず、中国は射撃統制用コンピュータやレーダーの換装、データリンク能力の向上、ミサイル本体のシーカーなどの多岐に渡る改良を加えたHQ-7Bを1990年代後半に完成させ、車載型にはFM-90という名称が与えられている。

FM-90には射撃ユニット車輌に赤外線暗視装置が追加されたほか、捜索ユニット車も搭載電子機器の更新などで重量が増加しており、当初ユニット車輌として使われていた4×4の装輪装甲車ではパワーが足りず、最大速度が60km/hから50km/hに低下するという難点があった。このため現在では内蒙古第一機械製造集団有限公司が開発した6×6の新型装輪装甲車がプラットフォームとして使われるようになっている。

FM-90は人民解放軍のほか、バングラデシュにも採用されている。

データ

車輌としてのデータは非公表

VN-3

（中国）

CHINA

VN-3偵察車型

VN-3は中国のNORINCO（中国北方工業公司）が開発した、4×4の軽装甲車だ。

開発が開始された当初は、イタリアのイヴェコ社との合弁企業である南京イヴェコ社の4輪駆動車NJ2045をベースとしていたが、後にNJ2045では要求された性能を充たせないと判断されたことから、東風自動車の4輪駆動車「猛士」にベース車輛が変更された。

試作の時点ではフランスのVBLのような形状のF1型と、イタリアのピューマのような形状のF2型が存在していたが、量産型は両社の間を取った、トルコのコブラのような形状に落ち着いている。

防弾鋼板製の車体は全周で7.62mm弾の直撃に耐えるとされており、また地雷に対する防御力やNBC防護能力も付与されている。パワー・プラントには中国製のディーゼル・エンジン（170hp）が採用されており、赤外線放出量や騒音を低減するため、マフラーは車体フロントの前部に配置されている。車体後部中央にはスクリュー・プロペラが備えられており、8km/hでの浮航も可能とされている。

VN-3は各種武装の搭載が可能とされているが、標準仕様というべき偵察車型は、車体後部上面に14.5mm機関銃と7.62mm機関銃、スモーク・ディスチャージャー（6基）を備えた一人用ターレットを装備している。また、車体側面には各1カ所ずつガン・ポートが設置されている。

ベトロニクス（車載電子装備）も充実しており、操縦手席上部には夜間暗視装置が捉えた画像を表示する液晶ディスプレイ、副操縦手席には車輛の位置や他部隊の状況、友軍から送られた戦場情報などを表示する統合電子情報システムの端末が備えられている。

NORINCOはVN-3を積極的に海外に向けて売り込んでいるが、今のところ採用国はなく、人民解放軍に少数が導入されるにとどまっている。

データ　（偵察車型）

戦闘重量	6,000 kg
全長	4.45m
全幅	2.20 m
全高	2.20 m
路上最大速度	110 km/h
路上航続距離	600 km
主機関	ディーゼル・エンジン
出力	170 hp
主武装	14.5 mm 機関銃×1、7.62 mm 機関銃×1
乗員	4名

VN-4

（中国）

VN-4は中国のNORINCO（中国北方工業公司）が開発した、4×4の軽装甲車だ。

VN-4の車内レイアウトは車体前方に動力部、中央部に操縦手席と車長席、後部に兵員室と武装ターレットの搭載区画を置くというオーソドックスなものだが、操縦手と車長のシートは民間の高級車に匹敵するものを採用し、また兵員室にも強力な空調装置を装備するなど、過酷な環境下で長期間作戦行動を行なうための配慮が、随所に見られる。

車体は防弾鋼板製で、7.62mm弾や砲弾片、地雷に対する防御力を有している。また必要に応じて増加装甲を装着できるほか、車体を赤外線やレーダー波の反射を抑える形状とし、エンジンマフラーや排気管を前方にまとめるなど、ステルス性も配慮されている。

VN-4は当初から輸出を意識して開発されており、パワー・プラントにはアメリカのカミンズ社のディーゼル・エンジン（235 hp）が採用されている。また補助始動装置も装備されており、零下35℃でもエンジンを正常に作動させることが出来る。またアンチロックブレーキ制御装置（ABS）とアンチスリップ制御装置（ASR）も標準装備されており、悪天候時でも良好な走行性能を発揮できる。

VN-4にはAPC（装甲兵員輸送車型）のほか、30mm機関砲を装備した砲塔を搭載した歩兵戦闘車型、対戦車ミサイルを搭載した戦車駆逐車型などのサブタイプも構想されているが、いまのところ採用国は現れていない。

VN-4APC型

データ （APC型）

戦闘重量	9,000 kg
全長	5.4 m
全幅	2.4 m
全高	2.05 m
出力重量比	26 hp/t
路上最大速度	120 km/h
路上航続距離	500 km
渡渉水深	1.0 m
超堤高	0.4 m
超壕幅	0.8 m
主機関	カミンズ社製 EQB235-20 直列6気筒水冷ターボチャージド・ディーゼル
出力	235 hp
主武装	12.7mm 機関銃
乗員	2 (+8) 名

SHシリーズ自走砲

CHINA（中国）

SHシリーズは、中国の中国北方工業公司（NORINCO）が開発した装輪式自走砲だ。

SHシリーズには155mm榴弾砲を搭載したSH-1、122mm榴弾砲を搭載したSH-2、105mm榴弾砲を搭載したSH-5の3タイプがあり、SH-1には万山特殊車輌製造廠製の6×6トラックWS-2250、SH-2とSH-5には武漢梟龍汽車技術有限公司製の6×6トラック梟龍XL-TBのシャシが使用されている。3タイプともキャビンは装甲化されており、小銃弾などに対する防御力を持つ。

SHシリーズは当初から輸出を想定して開発されているため、各タイプともパワー・プラントは数種類のディーゼル・エンジンから選択することができ、車体のレイアウトなどに関してもユーザーの要求によって変更が可能となっている。なお、タイヤの空気圧調節装置やNBC防御装置などは各タイプとも標準装備とされている。

SH-1の155mm砲は最大射程51.8km、SH-2の122mm砲は最大射程27km、SH-5の105mm砲は最大射程18.2km（いずれもベースブリード弾使用時）で、SH-1は20発、SH-2は24発、SH-5は40発の砲弾を搭載できる。

SH-2とSH-5には今のところ採用実績はないが、SH-1は人民解放軍陸軍とパキスタン陸軍、そして中東の某国（国名は非公表）に採用されている。中国北方工業公司はこの3タイプ以外にも、ユーザーの要求に応じた榴弾砲を搭載した装輪式の自走砲を開発できるとアピールしている。

122mm砲を搭載したSH-2

52口径155mm砲を搭載したSH-1

データ （SH-5）

戦闘重量	22,500 kg
全長	9.68 m
全幅	2.58 m
全高	3.5 m
路上最大速度	90 km/h
路上航続距離	600 km
主機関	WDG15.44
出力	235 hp
主武装	52口径155mm 榴弾砲
乗員	6名

CS/VP3

(中国)

CHINA

CS/VP3は中国の重慶長安汽車公司が製造し、人民解放軍系企業である保利集団公司が販売している対地雷防護車輌だ。

車輌そのものは南アフリカのモバイル・ランド・システムズ社が開発した対地雷防護車輌Capriv i Mk1をライセンス生産したもので、開発に至った経緯については、当初から保利集団公司の要求によるものという説と、モバイル・ランド・システムズ社が自社資金で開発していたCapriv i Mk1に、保利集団公司が資金を投入したという説がある。

車体は防弾鋼板製のモノコック構造で、全周に渡って7.62mm弾の直撃に耐えるとされている。車体底面はこの種の車輌に不可欠なV字型構造が採用されており、炸薬量8kgの地雷または15kgのTNT火薬の爆発から乗員を防護することができる。パワー・プラントはシュタイヤー社からライセンスを取得して、杭州発動機が生産している強力なWD615水冷6気筒ターボチャージド・ディーゼル（326hp）を採用しており、戦闘重量が15tに達するにもかかわらず、路上最大速度は100km/hに達する。

武装は車体上部に設けられた2ヵ所のキューポラ部に合計10ヵ所のガンポートが設けられている。

保利集団公司はCS/VP3のセールスを熱心に行なっており、派生型として装甲救急車型や指揮通信車型なども提案しているが、今のところ輸出には成功していない。また、人民解放軍への採用も現時点では公式にはアナウンスされていない。

データ

戦闘重量	15,000 kg
全長	7.58 m
全幅	2.45 m
全高	3.25 m（キューポラ部含む）
路上最大速度	100 km/h
路上航続距離	800 km
渡渉深度	1.2 m
主機関	シュタイア/杭州発動機 WD615 水冷6気筒ターボチャージド・ディーゼル
出力	326 hp
主武装	機関銃など2挺
副武装	9連装催涙弾発射機×2
乗員	1（+10）名

第10章
アジア・オセアニア・南アメリカ

ブッシュマスター

(オーストラリア)

AUSTRALIA

ブッシュマスターは、ペリー・エンジニアリング(現タレス・オーストラリア)社によるオーストラリア国産の装輪装甲車である。オーストラリア軍が求めていた車輌は、機械化歩兵部隊向けの戦闘用車輌ではなく、歩兵部隊を迅速に作戦地域に機動させるための兵員輸送用車輌であり、このため機銃以上の強力な武装等は要求されず、1,000km以上の航続力や乗車する兵員が必要とする物資の搭載能力、強力な車内空調システムなどが重視されていた。

オーストラリア陸軍はブッシュマスターと、南アフリカ製の「タイバン」の比較審査を行ない、その結果ブッシュマスターが1999年に採用され、2002年から実戦配備が開始された。

ブッシュマスターは被弾面積の低減よりも車内容積の確保が優先されており、全高が高い反面、車内は広々としている。装甲は7.62mm徹甲弾に耐える程度だが、車体の底面は地雷の爆風を逃がすように浅いV字型になっている。

エンジンは車体前部に置かれており、トランスミッションと一体になったパワーパックとして容易に交換できるようになっている。ボンネット後方には車長席と操縦手席が置かれている。これらの座席は、防弾ガラスの入った大きなフロントウインドーとサイドウインドーに囲まれている。各ウインドーには装甲シャッターなどは備えられておらず、銃弾が飛び交うような最前線での行動があまり考えられていないことがわかる。戦場での防御力よりも長距離移動時の操縦しやすさが優先されているのだ。

車体の後部は乗員室となっている。ルーフの内側には断熱材が貼られてキャビン内の温度の上昇を抑えている。また車内に

車内容積が大きく乗員の疲労を軽減する設計となっている

180

フラットデッキ型(上) APC型(下) (S. Kiyotani)

は飲料水のタンクも装備されている。乗員室への乗降は、基本的には車体後面のドアから行うが、車体上面にも5か所にハッチが設けられており、前方中央のハッチには5・56㎜または7・62㎜機関銃を装備することもできる。近年はアフガニスタンでの戦訓を取り入れてリモートウェポンステーションが搭載され、また増加装甲を追加するなどして生存性を高めている。バリエーションとして、後部がフラットデッキとなった輸送(兼ウェポンプラットホーム)型、81㎜または120㎜追撃砲搭載車、救急車、指揮車、回収車などが提案されている。

ブッシュマスターはプロトタイプが東ティモールのPKO活動に参加し、また量産後もイラクやアフガニスタンに派遣されている。こうした戦地での活動は海外からも注目され、アメリカ軍のMRAPの選には漏れたものの、オランダとイギリスに採用されており、また興味を示している国も少なくない。

データ

戦闘重量	14,000 kg
全長	7.02 m
車体長	6.60 m
全幅	2.50 m
全高	2.65 m
底面高	0.47 m (ただしアクスル高は0.40 m)
車内燃料搭載量	385ℓ
出力重量比	21.42 hp/t
路上最大速度	100 km/h以上
路上航続距離	1,000 km
渡渉水深	1.20 m
超堤高	0.44 m
登坂力	60%
主機関	キャタピラー 3126ATAAC 空冷6気筒インタークーラー付ターボ・ディーゼル
出力	300 hp
トランスミッション	前進7段後進1段
懸架方式	不等長ウイッシュボーン
乗員	2+7名

ハウケイ

(オーストラリア)

AUSTRALIA

ハウケイはタレス・オーストラリア社が開発した4×4の偵察・パトロール車輌だ。オーストラリア国防軍はアフガニスタンやイラクで、現在運用しているランドローバー・プレンティがIEDなどによって少なからぬ損害を受けた事から、現在後継となる車輌の導入計画を進めており、ハウケイはそれに応札するために開発された。

ハウケイの車体はヘリコプターでの空輸を可能とするため、鋼板に比べて重量が軽減できる複合材を多用したモノコック構造だが、防御レベルはNATOの共通防御規格、STANAG 4569のレベル1を確保している。車体底部は地雷対策のためV字型構造を採用しており、この部分に関してはイスラエルのプラサン社の協力を仰いでいる。

パワー・プラントはシュタイア社製のM16 6気筒ターボチャージド・ディーゼルエンジンを採用しているが、現時点では268hpと300hpのどちらのエンジンを用いるのかは決まっていない。トランスミッションはZF 6HP280 6速オートマチック、サスペンションは独立懸架ダブルウィッシュボーンタイプが採用されている。

ハウケイはオーストラリア国防軍による、プロトタイプを用いた4万kmに及ぶ走行テスト、実際の爆薬を使った防御力のテストなどでも優秀な結果を収めており、2012年6月にオーストラリア政府は実用化に向けた開発に関する契約を、タレス・オーストラリア社と締結している。

このまま順調に進めば、オーストラリア国防軍は1,300輌のハウケイを導入することとなる。

データ

戦闘重量	10,000kg
全長	5.50m
全幅	2.36m
出力重量比	12.4hp/t
路上最大速度	130km/h
主機関	シュタイア M16 6気筒ターボチャージド・ディーゼル
出力	268hpまたは300hp
乗員	6名

WAV

SOUTH KOREA

(韓国)

WAV（Wheeled Armored Vehicle）は、韓国陸軍が現在運用しているTM170「バラクーダ」や、KM900などを後継する次期装輪装甲車計画向けに、現代ロテム社が開発した装輪装甲車だ。WAVは当初、KW1と呼ばれていたが、KW1は社内コードであり、現在のカタログではスコーピオンという愛称も使われていない。

KW1が最初に公開されたのは、2006年10月に韓国で開催された兵器展示会「ディフェンス・アジア」のことだったが、この時は走行デモンストレーション後に後輪の車軸が破損してしまい、走行不能になるという失態を演じてしまった。

KW1はピラーニャに似たフォルムを持っていたが、翌2007年10月にソウルで開催されたソウル・エアショーに展示されたKW2は、ドイツとオランダが共同で開発した「ボクサー」や、パトリアのAMVなどに似た洗練されたフォルムを持つ車体となっていた。また、KW2にはボクサーなどと同様に、増加装甲の装着によるものと思しきボルトが、前面に渡って確認されている。

ただし現在発行されている現代ロテム社のカタログには、KW

6×6のAPC型（上）と8×8の歩兵戦闘車型（下）

183

1とKW2が混在しており、どちらが韓国陸軍向けに正式提案されるのかについてははっきりしない。

車体はKW1、KW2とも防弾鋼板製で、KW2には前述したように増加装甲の装着が可能と見られる。KW2の6×6型APC仕様は乗員2名のほか兵員9名、8×8型APC仕様は兵員10名を収容できる。

パワープラントは当初、380hpのディーゼル・エンジンの搭載が予定されていたが、現在のカタログでは420hpのディーゼル・エンジンを搭載するとされている。トランスミッションは前進7段、後進1段のオートマチックで、路上最大速度は110km/h、最大航続距離は800kmに達する。

朝鮮半島には半島を縦断する形で流れている河川が多いことから、韓国陸軍は車輌の渡渉能力を重視しており、KW2も10km/hでの浮航が可能とされている。

武装は40mmグレネード・ランチャーを備えたリモコン・ウェポン・ステーションと7.62mm機銃のほか、スモーク・グレネード・ランチャー8基が装備されている。韓国陸軍は次期装輪装甲車をファミリーとして採用する計画を立てており、6×6、8×8タイプとも基本のAPC型のほか、歩兵戦闘車型、自走対空砲型、装甲救急車型、自走迫撃砲型、戦車駆逐車型などが試作されている。

韓国陸軍の次期装輪装甲車計画の選定作業は長引いており、いつごろ決定するかは明確になっていないが、WAVに関してはインドネシアとの間でKW2をベースにした装輪装甲車の共同開発がインドネシアとの間で決まっている。

8×8のAPC型

データ （KW2 6×6 APC型）

戦闘重量	16,000 kg
全長	6.6 m
全幅	2.7 m
全高	2.1 m
路上最大速度	110 km/h
路上航続距離	800 km
浮航速度	10 km/h
主機関	ディーゼル・エンジン
出力	420 hp
主武装	リモコン・ウェポン・ステーション
副武装	7.62 mm 機関銃
乗員	2＋9名

ブラックフォックス

SOUTH KOREA （韓国）

ブラックフォックスは韓国陸軍の次期装輪装甲車調達計画に対して、斗山インフラコア社が提案している装輪装甲車だ。

当初登場した車体は6×6型だったが、2007年のソウル・エアショーでは8×8型も発表されている。両タイプとも車体は防弾鋼板製で、小銃弾や砲弾の破片などの直撃に耐える程度の防御力を持ち、また増加装甲の装着も可能とされている。

6×6タイプは乗員2名のほか完全武装の兵員10名の収容が可能で、車体上面には12.7mm機関銃や40mmグレネード・ランチャーを装備できるリモコン・ウェポン・ステーションが備えられている。

パワー・プラントには400hpの6気筒ターボチャージド・ディーゼルが採用されており、路上最大速度は100km/hに達する。また、路外での機動性を確保するため、空気圧調節装置付きのランフラット・タイヤを採用している。ブラックフォックスはライバルであるロテムKW1「スコーピオン」、サムソンテックウィンの「MPV」と異なり、浮航能力を持っていない。

ブラックフォックスも他の二車種と同様、ファミリー化を前提に開発されており、現在までに歩兵戦闘車型、自走120mm迫撃砲型、自走対空ミサイル型などが試作されており、90mm低反動砲を搭載した戦車駆逐車型がインドネシア陸軍に採用されている。

6×6の歩兵戦闘車型（上）と8×8の自走対空ミサイル型（下）

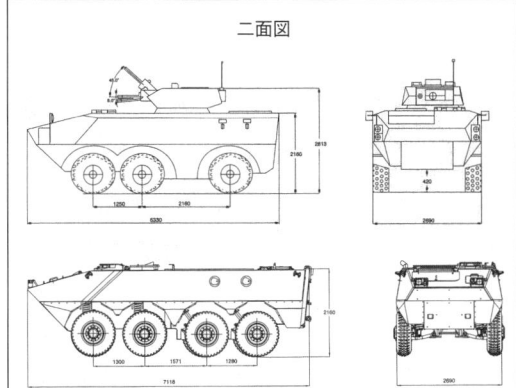

二面図

データ （6×6APC型）

戦闘重量	16,000 kg
全長	不明
全幅	不明
主機関	ディーゼル・エンジン
同出力	400 hp
路上最大速度	100 km/h
路上航続距離	800 km
武装	リモコン・ウェポン・ステーション
乗員	2+10名

MPV

(韓国)

SOUTH KOREA

MPVは韓国のサムソン・テックウィン社が韓国陸軍の次期装輪装甲車計画向けに、自社資金で開発した装輪装甲車だ。ライバルである斗山インフラコア社の「ブラックフォックス」、ロテム社のKW1「スコーピオン」と同様、6×6タイプと8×8タイプが開発されているが、ブラックフォックスとKW1の6×6タイプと8×8タイプが、車体のデザインがまったく異なるのに対し、MPVは両タイプともほぼ共通したデザインを採用している。

車体は全周に渡って小銃弾などの直撃に耐えられるが、MPVは他の二車種と異なり、正面に関しては12.7mm弾の直撃に耐えうると発表している。6×6タイプの装甲兵員輸送車型は、乗員2名のほか10名の兵員が収容可能で、武装はリモコン・ウェポン・ステーションを装備している。

パワー・プラントはカミンズ社製のディーゼル・エンジン（400hp）を採用しており、路上最大速度は110km/hに達する。

MPVは他の二車種に比べてベトロニクスが充実しており、車輌間情報システムや監視用カメラなども備えられている。

なお、サムソン・テックウィン社は8×8の装甲指揮通信車もMPVもファミリー化を前提に開発されており、APC型のほか、8×8型に120mm迫撃砲を搭載したタイプも試作されている。

なお、サムソン・テックウィン社は8×8の装甲指揮通信車も発表しており、この車輌もMPVのファミリー車輌と考えられていたが、同社のMPVのカタログには記載されておらず、まったく別の車輌である可能性も否定できない。

データ　（6×6APC型）	
戦闘重量	18,500 kg
全長	6.7 m
全幅	2.7 m
全高	2.2 m
路上最大速度	110 km/h
航続距離	800 km
浮航速度	10 km/h
登坂力	60％
主機関	カミンズ社製ディーゼルエンジン
出力	400 hp
武装	リモコン・ウェポン・ステーション
乗員	2＋10名

バラクーダ／S-5／TM170

(韓国)／(ドイツ)

SOUTH KOREA／GERMANY

バラクーダАPC

バラクーダはドイツのテッセン・ヘンシェル社が開発したTM170を、韓国の斗山インフラコアがライセンス生産した4×4の軽装甲車で、韓国陸軍とインドネシアに採用されている。

原型のTM170は、メルセデス・ベンツの4輪駆動車に装甲ボディーを組み合わせた、警察用の特殊警備車輌だが、バラクーダには銃座増設などの改良が施されており、一応軍隊用の装甲車らしくなっている。

車体は防弾鋼板の全溶接構造で、小銃弾に対する防御力は持つが、戦場で使うには心もとない。このため韓国陸軍のイラク派遣部隊「ザイトゥーン」は、車体にスラット・アーマーを装着して任務に就いていた。

車体後部の兵員室は全長が6.14mと長く、兵員を10名まで収容できる。車体後面には下向きに開く大型のドアが設置されている。

パワープラントはオリジナルのTM170と同じ、ダイムラー・ベンツOM352(出力168hp)を搭載しており、戦闘重量が11.2tあるにもかかわらず、路上最大速度は100km/hに達している。また、9km/hで浮航も可能とされている。

斗山インフラコアの下請けとしてバラクーダの生産を担当していた新生特殊機械社は、バラクーダをコピーした4×4装甲車「S-5」を開発している。

S-5は現代自動車のトラックをベースとしており、エンジンやトランスミッションなどが韓国製となっている。

またTM170と異なり独立懸架方式を採用していないため、路外機動力などの面ではバラクーダに比べて見劣りがする。ただしその分だけ価格は安く、新生特殊機械社はバラクーダよりもS-5を積極的に海外にセールスしている。

データ　(バラクーダ)

戦闘重量	11,200 kg
全長	6.14 m
全幅	2.47 m
全高	2.32 m
出力重量比	15 hp/t
路上最大速度	100 km/h
路上航続距離	870 km
主機関	ダイムラー・ベンツ OM352 ターボチャージド・ディーゼルエンジン
出力	168 hp
乗員	2名／兵員10名

CM32 雲豹

(台湾)

CM32APC型(玄史生)

CM32「雲豹」は台湾陸軍が運用してきたM113やV150などの装甲兵員輸送車の後継として開発された8×8の装輪装甲車だ。開発にあたっては台湾陸軍が導入した6×6装甲車、CM31の技術支援を行なったアイルランドのTTL社の協力を仰いでいる。

外征軍ではない台湾陸軍はCM32に被空輸能力を求めなかったため、パトリアAMVなどと同クラスの大柄な車輛となった。装甲は7.62mm弾のゼロ距離射撃に耐えるレベルだが、車内の主要部分にはケプラー繊維を用いた、厚さ20mmのスポール・ライナーが貼られており、また増加装甲の装着も可能とされている。また、12kgの地雷の爆発にも耐えられる。

パワー・プラントはキャタピラー社のC12ディーゼル・エンジン(450hp)が採用されており、路上最大速度は105km/hに達し、路外での機動力も良好とされている。CM32はCM31と異なり浮航能力は持たないが、排水装置が装備されているため、水深1m程度であれば渡渉できる。

武装は歩兵戦闘車型が20mm機関砲、APC型は12.7mm機銃または40mmグレネード・ランチャーを装備している。

105mm低反動砲を搭載したモデルも試作されており、将来的にはM41軽戦車の後継として採用されると見られる。ま派生型として「天剣1型」地対空ミサイルを搭載した自走対空ミサイル型、NBC偵察車型なども開発されている。

台湾陸軍はCM32を600輛発注しており、将来的には1,200輛まで増やす計画もある。2007年の量産開始後、車体底板にクラックが発見されたため、一時生産が停止されたが、現在は再開されていると見られる。

データ (歩兵戦闘車型)

戦闘重量	22,000 kg
全長	7.5 m
全幅	2.70 m
全高	2.71 m
出力重量比	21.4 hp/t
路上最大速度	105 km/h
路上航続距離	600 km
主機関	キャタピラーC126気筒ディーゼル
出力	450 hp
主武装	20 mm機関砲
乗員	3(+6)名(APC型は8〜12名)

CM32APC型(玄史生)

テレックス

(シンガポール)

SINGAPORE

(nlann)

テレックスはシンガポールのSTキネティック社が、プライベート・ベンチャー（自社資金）で開発した8×8の装輪装甲車だ。

テレックスは2001年にロンドンで行なわれた兵器展示会DSEiで初めて発表されたが、この時展示されたAV-81は車体底部がV字型でなく、またサスペンションのショック・アブソーバーにもコイル・スプリングが使われているなど、お世辞にも洗練された車両とは言えなかった。

しかし2005年に発表されたAV-82は、地雷対策を考慮して車体底部にV字型構造が採用されたほか、足回りも油圧式のダブル・ウィッシュボーンに変更されるなど、見違えるほど先進的な車両となった。

防御能力の詳細は明らかにされていないが、全周で小銃弾の直撃やIEDの爆風から乗員を護れるレベルの防御力を持つとされており、またNBC防護能力も付与されている。

パワー・プラントにはキャタピラー・ディーゼル社のC9ターボチャージド・ディーゼルエンジン（450hp）が採用されており、比較的大柄な車体にもかかわらず、路上最大速度は105km/hと高い。

武装は7.62mm機銃、またはSTキネティック社が開発した40mmグレネード・ランチャーCIS 40AGLを選択可能なリモコン・ウェポン・ステーションを1基搭載している。

テレックスはシンガポール陸軍にV-200の後継として135輌の導入が決まっているほか、トルコのオトカ社によってライセンス生産された「ヤウズ」がトルコ国軍に採用されている。このほかインドネシアも420輌を国内生産の形で導入する計画を進めているほか、アメリカ海兵隊も次期装甲兵員輸送車計画の参考用として少数を導入していく。

データ

戦闘重量	26,000 kg
全長	7.78 m
全幅	2.97 m
全高	2.46 m
出力重量比	16 hp/t
路上最大速度	105 km/h
路上航続距離	710 km
主機関	キャタピラー・ディーゼル C9 6気筒ターボチャージド・ディーゼル
出力	450 hp
主武装	リモコン・ウェポン・ステーション
乗員	2+11名

ファーストウィン

(タイ) THAILAND

ファーストウィンは、タイのチャセリ・アンド・ラバー・マテリアル社が開発した4×4の対地雷装甲車だ。同社は装甲車輌の履帯や、装輪車輌のホイールなどの製造、タイ陸軍のM113装甲車やM151汎用車輌などの修理を手がけてきたが、新規に装甲車輌を開発するのはファーストウィンが初めてのこととなる。

開発計画が発表されたのは2009年のことで、2011年にUAEで開催された兵器見本市IDEXで初めて実車が公開され、デモンストレーション走行を行なった。

車体は防弾鋼板製で、防御力は全周に渡って7.62mm弾の直撃に耐えられる、NATOの標準防御レベルSTANAG4569のレベル1だが、増加装甲の装着によりレベル3まで強化することができる。

パワー・プラントはカミンズ社製ディーゼル・エンジン、トランスミッションはアリソン社製の5速オートマチックと手堅くまとめている。なお、エンジンはユーザーの要望に応じて、197hpから215hpまでの各タイプを選択できる。

武装はルーフ・マウントに7.62mm機銃を装備しており、左右2ヵ所にガンポートも備えられている。また、リモコン・ウェポン・ステーションの搭載も可能とされている。

ファーストウィンは現在までに21輌が製造されており、うち4輌がタイ陸軍に引き渡されテストを受けている。チャセリ・アンド・ラバー・マテリアル社は海外へのセールスも積極的に展開しており、基本となるAPC型のほか、指揮通信車型、装甲救急車型なども提案している。

データ	
戦闘重量	9,000kg
全長	4.61m
全幅	2.2m
全高	2.0m
路上最大速度	100km/h
主機関	アリソン社製ディーゼル・エンジン
出力	197～210hp
主武装	7.62mm機関銃
乗員	10名

(S. Kiyotani)

AV4

(マレーシア)

AV4はマレーシアのデフテック社が自社資金で開発した4×4の装甲兵員輸送車だ。開発は2005年に開始され、2006年にマレーシアで初めて開催された兵器見本市、ディフェンス・サービス・アジアで初めて公開された。

デザインはベルギーのSabiex International社が、メルセデス・ベンツのコンポーネンツを流用して開発した4×4の装甲兵員輸送車「イグアナ」がベースとなっている。

車体は防弾鋼板製のモノコック構造で、全周に渡って7.62mm弾の直撃に耐えることができる。また、車体底面は地雷対策としてV字型構造を採用しており、増加装甲の装着も可能とされている。

武装はルーフトップのキューポラに各種機関銃を搭載でき

る。

パワー・プラントはMTU社製のディーゼル・エンジンを採用しており、路上最大速度は110km/hに達する。サスペンションはマルチリンク式の油気圧サスペンション、タイヤはランフラット・タイヤを採用し、路外でも良好な機動性を発揮することができる。

高温多湿なマレーシア製の車輌らしく、エアコンが標準装備されており、エアコンや電子機器を停車中にも作動させるためのAPU（補助電源装置）も備えられている。

デフテック社はAV4のファミリー化も進めており、基本のAPC型のほか、81mm迫撃砲を搭載した自走迫撃砲型、指揮通信車型、偵察車型、治安維持車輌型などが提案されている。

データ

路上最大速度	110 km/h
路上航続距離	500 km
主機関	MTU社製ディーゼル・エンジン
出力	180 hp
副武装	7.62 mm 機関銃

アストロスⅡ 自走多連装ロケット・システム（ブラジル）

BRAZIL

柔軟性が特徴の自走多連装ロケット

湾岸戦争中にサウジアラビアにてデモンストレーションを行うアストロスⅡ

アストロスⅡは、ブラジルのアヴィブラス社で自国陸軍および輸出向けに開発された自走多連装ロケット・システムだ。アストロス（ASTROS）とは Artillery SaTuration ROcket System の略で、直訳すると砲兵飽和ロケット・システムとなる。

ランチャーは、ルーフ上に機関銃座の付いた装甲キャビンを持つキャブオーバー型の6×6トラックに搭載されており、口径の違う4種類のロケット弾を発射できる。いちばん口径の小さいSS-30ロケット弾は、口径127mm、重量68kg、射程9～30kmで、ランチャー1基で32発が発射可能だ。次に大きなSS-40は、口径140mm、重量152kg、射程15～35kmで、ランチャー1基で16発を発射できる。SS-60とSS-80は口径が300mmと大きく、ランチャー1基で4発しか発射できないが、SS-60で20～60km、SS-80で22～90kmと、敵の野戦榴弾砲を完全にアウトレンジできるだけの射程を持っている。つまり、ロケット弾の装填時に射程を犠牲にして攻撃力をとるか、攻撃力を犠牲にして長射程をとるかの選択が可能で、この運用上の柔軟性が最大のセールスポイントとなっているのだ。

大型のSS-40、-60、-80には、対人/対軽装甲兼用の子爆弾を内蔵したクラスター弾頭が用意されているほか、対人また対物および対戦車地雷散布弾頭、発煙/焼夷/燐弾頭、滑走路破壊用の遅延信管付き貫通弾頭、さらには対人兼用の白

192

AV-LMU
Universal Multiple Launcher
Capable of firing rockets of 6 different calibers and several types of warheads.

AV-UCF
Optional Fire Control Unit
Which main task is to facilitate the procedures for meteorological data acquisition and precision fire direction using radar and computer.

AV-RMD
Ammunition Supply Vehicle
for resupply of the AV-LMU, carrying 2 complete loads for each launcher.

AV-OFVE
Mobile Workshop
for Electronic and Mechanic field maintenance

アストロス中隊を編成する車輛

イラン-イラク戦争、湾岸戦争で実戦参加!

アストロス中隊の基本編制は、ランチャー車(AV-LMU)6輛、射撃統制レーダー車(AV-RMD)6輛、弾薬補給車(AV-UCF)1輛の計13輛となっているが、中隊あたりのランチャー車を4輛に減らしたり8輛に増やしたりすることもできる。また、アストロス大隊は、3個中隊とそれらの統一的な射撃指揮を行なう指揮統制車(AV-VCC)1輛、野戦整備作業車2輛で編成される。したがって、1個大隊は通常18輛のランチャー車を保有し、SS-30であれば一斉射で576発を発射できる計算になる。

ブラジルで最初のアストロスⅡ中隊の編成が始められたのは1994年のことで、現在までに20ユニットが陸軍に配備されているほか、海兵隊にも少数が配備されている。アストロスⅡはイラク軍にシジェールの名前で採用され、イラン-イラク戦争で実戦に投入されているほか、サウジアラビアに10個中隊分が輸出されたといわれており、こちらも湾岸戦争で実戦を経験している。また、カタール、インドネシア、バーレーンにも採用されている。

射程を150kmに延伸したSS-150も開発されている。また、現在ブラジルはアストロスⅡの能力向上計画「アストロス2020」を進めており、その一環として射程300kmの巡航ミサイルAV-300MTの開発も行なわれている。

データ

戦闘重量	20,000 kg
全長	8.0 m
全高	2.6 m
全幅	2.4 m
出力重量比	14.0 hp/t
主機関	メルセデス・ベンツ水冷ターボ・ディーゼル
出力	280 hp
路上最高速度	70 km/h
路上航続距離	480 km
武装	12.7mm 重機関銃×1、ロケット・ランチャー×32、×16、×4
乗員	3名

BRAZIL

EE-3ヤララカ/EE-9カスカヴェル/EE-11ウルツ
（ブラジル）

エンゲサEE-3ヤララカ装甲偵察車

エンゲサEE-3ヤララカは、ブラジル陸軍のM8グレイハウンド装甲車の後継を狙って開発した偵察車（スカウト・カー）である。生産はすでに終了しており、ウルグアイ、エクアドル、ガボン、キプロス、ヨルダンに輸出されているが、開発国であるブラジルには採用されていない。

車体は鋼製で浮航性は無い。操縦手席は車体前部の中央やや左寄りに配置され、その後方右側に機関銃手席があり、反対の左側に車長席が置かれている。車体後部はエンジン・ルームとなっている。武装は、7.62mm機関銃

輸出向けに開発されたEE-3ヤラララカ

エンゲサEE-9カスカヴェル装甲偵察車

エンゲサEE-9カスカヴェルは、偵察用の装輪装甲車である。最初の試作車は1970年に完成し、生産は1974年から開始された。輸出でも実績をあげており、ボリビア、チリ、コロンビア、ウルグアイ、パラグアイ、キプロス、イラン、イラク、リビア、チュニジアなどで採用されており、イラン・イラク戦争やコロンビアの対ゲリラ戦などで実戦も経験している。

車体は鋼製で、装甲は硬度の違う2枚の装甲板を重ね合わせたものが採用されている。車体前部左側に操縦手席が置かれ、その後方が戦闘室、車体後部がエンジン・ルームとなっている。

主砲に低反動の90mm砲を搭載するカスカベル装甲偵察車

のほか、12.7mm機関銃、20mm機関砲、60mm後装迫撃砲、ミラン対戦車ミサイル・ランチャー等が搭載されている。

194

EE-11 ウルツ装甲兵員輸送車

エンゲサEE-11ウルツは、ブラジル国産の装輪式装甲兵員輸送車で、数多くの部品が同社のEE-9カスカヴェルと共通化されている。1970年に最初の試作車が完成し、1974年から生産が開始された。

ブラジルのほか、アンゴラ、イラク、ウルグアイ、ヴェネズエラ、ガボン、ギアナ、モロッコ、ヨルダン、リビア、UAEなどに輸出されており、イラクとリビアで実戦に投入されている。

車体は、前部左側に操縦手席、前部右側にエンジン・ルームを配し、後部を兵員室としている。車体右側面と後面には乗降用のドアが設けられており、兵員室の周囲にはガン・ポートが備えられている。

武装は、装甲兵員輸送車タイプでは12.7mm機関銃1挺だが、エンゲサEC-90 90mm砲を装備するエンゲサET-90砲塔やTDA 60mm迫撃砲を搭載する車輌も造られている。

ブラジル陸軍のEE-11は大部分が退役しているが、一部の車体はサンパウロ工廠で近代化改修を受けており、後継車輌となるVBTP-MRが就役する2015年頃まで現役に留まる。

武装は、MkⅠが37mm砲、MkⅡがフランス製の90mm砲を装備したH90砲塔、それ以降の車輌にはエンゲサ製EC-90 90mm砲を装備したET-90砲塔が、それぞれ搭載されている。

ブラジル以外にも数多くの国で採用されたEE-11ウルツ

データ

EE-9 カスカヴェル

戦闘重量	13,400 kg
全長	6.2 m
全幅	2.64 m
全高	2.68 m
出力重量比	15.82 hp/t
路上最大速度	100 km/h
路上航続距離	880 km
主機関	デトロイト・ディーゼル 6V-53N 水冷6気筒ディーゼル
出力	212 hp
武装	90mm砲×1、7.62mm機関銃×2（または12.7mm重機関銃×1、7.62mm機関銃×1）
懸架方式	前輪：ダブル・ウイッシュボーン、後輪：エンゲサ・ブーメラン・サスペンション＋リーフ・スプリング
乗員	3名

EE-11 ウルツ

戦闘重量	14,000 kg
全長	6.1 m
全幅	2.65 m
全高	2.9 m
出力重量比	18.6 hp/t
路上最大速度	105 km/h
路上航続距離	850 km
主機関	デトロイト・ディーゼル 6V-53T 水冷6気筒ディーゼル
出力	260 hp
武装	12.7mm重機関銃×1
懸架方式	前輪：ダブル・ウイッシュボーン、後輪：エンゲサ・ブーメラン・サスペンション＋リーフ・スプリング
乗員	1+12名

ANOA （インドネシア）

ANOAはインドネシアのPindad社が開発した6×6装甲車だ。開発は2003年に着手され、2006年10月5日にジャカルタで行なわれた、インドネシア国軍創設61周年記念式典にプロトタイプが登場して、その存在が明らかとなった。

ANOAのデザインはフランスのVBAに酷似しているが、戦闘重量はVABより1tほど重い14tに達している。防御力はNATOの装備規格で、軽装甲車や輸送車輌の防御レベルに適応され、STANAG4569のレベル3を充しており、30m離れた位置から弾速930m/sで発射された7.62mm弾の直撃に耐え、また対戦車地雷が爆発した際、8kgの爆風に耐えることができる。

パワープラントはルノー社のMIDR062045ターボ・チャージド・ディーゼルエンジン（320hp）を採用しており、路上最大速度は80km/h、航続距離は600kmに達する。足回りは独立懸架式サスペンションとトーション・バーを採用している。

APC型の武装は陸上自衛隊の96式装輪装甲車と同様、12.7mm機銃または40mmグレネード・ランチャーを選択可能となっており、また90mm低反動砲や20mm機関砲を搭載したタイプも開発されている。

ANOAは後に開発された4×4型と合わせて150輌がインドネシア陸軍に採用され、大統領警護隊などで使われている。また、2012年末頃までにさらに100輌が追加配備される予定となっている。ANOAは「リマウ」の名称で輸出も図られており、マレーシアとブルネイに採用が決まっているほか、ネパール、オマーンなども興味を示しているという話もある。

DSA2012にて展示されたANOAの輸出型RIMAU
(S. Kiyotani)

データ （6×6APCタイプ）

戦闘重量	14,000 kg
全長	6.0 m
全幅	2.5 m
全高	2.5 m
底面高	0.40 m
出力重量比	22.85 hp/t
路上最高速度	80 km/h
路上航続距離	800 km
主機関	ルノー MIDR 062045 ターボ・チャージド・ディーゼル
主機関出力	320hp / 2,500 rpm
トランスミッション	ZF S6HP502 オートマチックトランスミッション
懸架方式名	独立懸架式＋トーション・バー
主武装	12.7 mm 機銃、40 mm グレネード・ランチャー
副武装	発煙弾発射器
乗員	3＋10 名

第11章
中 東

オトカ・アクレプ

（トルコ）

TURKEY

イギリスのランドローバーのシャーシから開発されたアクレプ

オトカ・アクレプ軽偵察車輌は、トルコのオトカ・オトブス・カローセリ・サナイ社が、ランドローバー90／110のコンポーネントを流用して開発した、装輪装甲偵察車輌だ。プロトタイプは1993年5月に完成し、生産第1号車は1994年6月にロールアウトしている。

アクレプのデザインは、この種の装甲車の定番であるフランスのVBLに似ており、前方にエンジン、後方に戦闘室をレイアウトした乗用車型の装甲車体を持つ。装甲は7.62㎜弾と、砲弾の弾片に耐える標準的なもので、前側面のウインドウには防弾ガラスがはめ込まれている。さらに内側には破片飛散防止用のプラスチックライナーが張られており、車体側面にはピストルポートを装備している。アクレプの最大の特徴は、上部に搭載された機関銃塔である。

アクレプはトルコのほか、パキスタン、イスラエルなどに採用されており、新生イラク陸軍からの発注も得ている。アクレプからは車体が延長された兵員輸送型も開発されており、このタイプは車体上部にシールド付きの機関銃塔が装備されている。またトルコ警察部隊が使用している治安維持型もあり、このタイプは機関銃塔に代えて催涙ガス発射装置やビデオカメラが装備された治安維持用砲塔を装備し、窓やライト、視察装置を防護用の金網が取り付けられている。

これはイスラエルのラファエル社が開発した高級品で、いくつかバリエーションがある。基本形は昼夜間視察装置を装備した単装遠隔操作機関銃塔だが、偵察用の地上監視レーダーやCCDカメラ、赤外線映像装置を装備したより高度な連装7.62㎜MG／FRIR遠隔操作機関銃塔が搭載可能となっている。

データ

戦闘重量	3,200 kg
全長	4.19 m
全幅	1.91 m
全高	2.563 m
底面高	0.23 m
出力重量比	37 hp/t
路上最大速度	125 km/h
路上航続距離	650（ガソリンエンジン型）／1,000（ディーゼルエンジン型）km
渡渉水深	0.65 m
超堤高	0.315 m
登坂力	70％
転覆限界	40％
旋回半径	6.6 m
機関	ランドローバーV-8 ガソリン／ローバー300TDI ディーゼル
機関出力	134／111 hp
トランスミッション	マニュアル前進5段後進1段／オートマチック4速
懸架方式	コイルスプリング
主武装	7.62 ㎜×1
乗員	3名

BMC-350Z「キルピ」 （トルコ）

BMC-350「キルピ」は、トルコのBMC社が開発した4×4の対地雷防護車輌だ。

実のところキルピは、イスラエルの装甲車輌メーカーであるハーテンホフ社が自社資金で開発した対地雷防護車輌「ナビゲーター」のボディと、BMC社のトラックのシャーシを組み合わせ、小改良を加えただけのもので、純粋なトルコの国産車輌とは言えない。

ボディは防弾鋼板製で、全周に渡って7.62mm弾の直撃に耐えることができる。車体下面はV字型構造を採用しており、炸薬量8kgの地雷の爆風から、乗員を防護することができる。

パワー・プラントはカミンズ社のISLe+350ディーゼル・エンジン（345hp）が採用されており、前進5段、後進1段のオートマチック・トランスミッションと組み合わされている。

トルコ陸軍の車体は車体上部のキューポラに7.62mm機関銃を1挺搭載しているが、リモコン・ウェポン・ステーションの搭載も可能とされている。また、セルフ・リカバリー用のウィンチや後方カメラ、自動消火装置なども標準で装備されている。

キルピはトルコ陸軍に採用されており、トルコ陸軍は1,000輌以上の調達を予定している。また、トルコから割譲される形で、イラク陸軍とアフガニスタン陸軍にも配備されている。

(S. Kiyotani)

データ

戦闘重量	16,000 kg
全長	7.07 m
全幅	2.51 m
全高	2.86 m
路上最大速度	100 km/h
路上航続距離	800 km
主機関	カミンズISLe+350
出力	345 hp
主武装	7.62mm 機関銃、リモコン・ウェポン・ステーション
乗員	3 (+10) 名

コブラ

（トルコ）

TURKEY

コブラは写真の対戦車型以外にも多くの派生型が存在する

オトカ・コブラは、アクレプ、APV同様に、トルコのオトブス・カローセリ・サナイ社がプライベート・ベンチャー（自社資金）で開発した、装輪式兵員輸送車輌である。コブラのプロトタイプは1995年に完成し、トルコ陸軍の採用を勝ち取ったことで1997年から量産され、現在までにトルコ陸軍へ1,200輌以上が納入されている。

コブラはトルコ国産とはいうものの、過去にトルコで開発された装輪式兵員輸送車のAPV、アクレプと同様、既存のシャーシが流用されてお

り、アメリカ製のECV（エクスパンデッド・キャパシティ・ヴィークル）4×4シャーシが使用されている。

ECVはAMジェネラル社が、アメリカ陸軍の要求を受けて開発したHMMWV（ハンヴィー）の新型車体で、エンジン、トランスミッションその他すべてに改良が施されている。この改良は主にハンヴィーのペイロードを増すことを目的としたもので、アメリカ軍ではこのシャーシを使用して、装甲ハンヴィーを開発している。

コブラはこのECVシャーシへトルコ製の装甲車体を載せている。装甲車体はAPVやアクレプよりはるかに洗練されていて、とくに地雷への防御力を高めるため、下部がV字型になったそろばん球のような断面形をしている。

乗員は前方にドライバー、車長で、その後方に武装操作員兵員輸送車用のシートが並び、乗車人員は全部で最大13人にもなる。乗降口は車体左右と車体後部に大型のドアがあり、上部の機関銃塔と兵員室上部左右にハッチがある。なお車体左右の一枚ドアは、2分割のハッチにも変更可能である。

装甲は5.56mm、7.62mm弾に耐えるだけだが、必要な場合防御力強化用の増加装甲をボルト止めすることができる。

防弾鋼板を溶接したモノコック型のコブラの車体

各種センサーを搭載した伸縮式マストを持つ偵察型

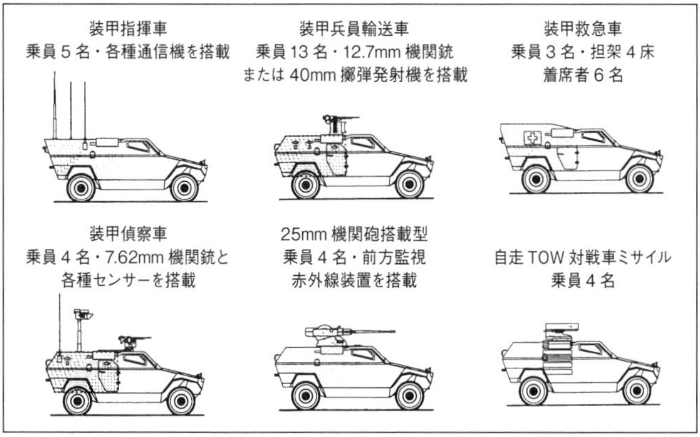

武装は上部の全周旋回式機関銃塔に装備される。基本は7.62mm機関銃1基だけだが、12.7mm機関銃や40mm自動擲弾発射機も装備可能とされている。

コブラにはこの種車輌の通例として、多数のバリエーションが用意されている。おもしろいのが水陸両用バージョンで、車体後部に2基のウォータージェット・スラスターが装備されると共に、エンジンに水中冷却システムが追加されており、トルコ海軍などが興味を示している。また、指揮通信車、4基の担架ないし6人の患者を収容できるように改修された救急車、TOW対戦車ミサイルを装備した対戦車車輌、各種センサーを搭載した偵察車型、NBC偵察車なども開発されており、いくつかのタイプは実用化されている。

汎用性が高く、また先進諸国の同種車輌に比べて価格の安いコブラは輸出市場でも成功を収め、グルジア（300輌以上）、ナイジェリア（204輌）、パキスタン、スロベニアなどに採用されている。

このうちグルジアは2008年の南オセチア戦争でコブラを実戦に投入しており、またトルコ軍も国内やアフガニスタンにおける対テロ戦にコブラを投入している。

コブラの主なバリエーション

装甲指揮車
乗員5名・各種通信機を搭載

装甲兵員輸送車
乗員13名・12.7mm機関銃または40mm擲弾発射機を搭載

装甲救急車
乗員3名・担架4床
着席者6名

装甲偵察車
乗員4名・7.62mm機関銃と各種センサーを搭載

25mm機関砲搭載型
乗員4名・前方視赤外線装置を搭載

自走TOW対戦車ミサイル
乗員4名

データ

戦闘重量	6,000 kg
自重	4,800 kg
全長	5.316 m
全幅	2.156 m
全高	1.9 m
底面高	0.365 m
出力重量比	31 hp/t
路上最高速度	110 km/h
路上航続距離	550 km
渡渉水深	1 m
超堤高	0.32 m
登坂力	70 %
転覆限界	40 %
接近／発進角	62／57°
旋回半径	7.6 m
機関	ゼネラルモータースV-8ディーゼル
機関出力	190 hp
トランスミッション	オートマチック4速
懸架方式	ヘリカルスプリング
主武装	7.62mm機関銃×1
乗員	13名

パース （トルコ）

TURKEY

(S. Kiyotani)

パース（トルコ語で豹を意味する）は、トルコのFNSS社が開発した装甲兵員輸送車だ。カタログ上では6×6、8×8、10×10の3タイプが存在しているが、現時点では6×6タイプと8×8タイプのみが開発されている。

車体の防御力はNATOの装甲防御規格である、STANAG4569のレベル4とされており、200mの距離から発射された14.5mm弾の直撃に耐え、また炸薬量10kgの地雷の爆風から乗員を護ることができる。

操縦席のステアリングは左右に移動可能となっており、またビデオモニターにより視界を確保しながらの操縦も可能とされている。兵員室の容積は比較的大きく、6×6タイプは最大11名、8×8タイプは最大16名までの兵員を収容できる。

パワー・プラントはDeutz社またはキャタピラー・ディーゼル社のディーゼル・エンジン（500～600hp）が選択可能で、サスペンションには油圧式の独立懸架方式が採用されており、車体の姿勢や高さを自由に制御できる。駆動系の信頼性は極めて高く、2008年にUAEで行なわれたトライアルの際には、砂漠地帯を含めて11,000kmを故障なしで走破している。また、浮航能力も付与されており、8km/hで水上を浮航することも可能とされている。

武装は歩兵戦闘車型がM242ブッシュマスター25mm機関砲と、7.62mm機銃を組み合わせたFNSS社製の砲塔「シャープシューター」、APC型は7.62mm機銃をそれぞれ装備している。

パースは開発国であるトルコの陸軍に、自走レーダー型なども含めて336輛が導入されているほか、マレーシアにもAV-8の名称で256輛が採用されている。

データ （8×8タイプ）	
戦闘重量	24,500 kg
全長	8.0 m
全幅	2.7 m
全高	2.17 m
出力重量比	24.5 hp/t（600 hpエンジン採用時）
路上最大速度	100 km/h
路上航続距離	1,000 km
主機関	ディーゼル・エンジン
出力	500～600 hp
主武装	25 mm機関砲×1、7.62 mm機銃×2（歩兵戦闘車型）
乗員	14名（最大16名）

APV (トルコ)

TURKEY

オトカ装甲兵員輸送車輌（APV）は、オトカ・オトブス・カローセリ・サナイ社が開発した装輪装甲兵員輸送車で、もとはトルコ治安部隊の要求で開発された車輌である。乗用車タイプの装甲車で、トルコで同時期に同種の車輌が多数開発されているのは、ちょっと不思議な感じがする。プロトタイプは1991年に完成し、1992年から生産が開始されている。

APVの車体には、同じオトカ・オトブス・サナイ社が開発したアクレプ同様に、ランドローバー90/110のコンポーネントが多数流用されており、アクレプとも多くのパーツが共通している（というよりこちらの方が先だろう）。

車体は装甲鋼板の溶接構造で、装甲防御力はアクレプとほぼ同レベルの、7.62mm弾や砲弾の破片に耐える

程度だと見られる。車体はアクレプに比べると平凡なデザインで、後部車体はアクレプのようなバンのような傾斜角を設けたデザインではなく、バンのような箱形をしている。治安維持車輌でそれほどシビアな設計ではないせいもあるが、やはりAPVは習作だったと言えそうだ。

武装は車体上部に7.62mm機関銃が装備されるのみだが、おもしろいのはオプションとしてバリケード排除機材やサイレン、拡声器、サーチライトなど治安任務用装備が用意されていることだろう。また、派生型として工兵車輌と装甲救急車型も存在している。APVはトルコ治安部隊とトルコ軍部隊で使用されている。

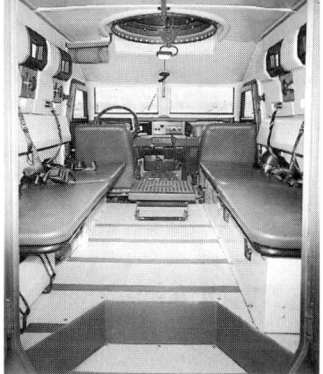

後方から見たAPVの車内

データ

戦闘重量	3,600 kg
全長	4.155 m
全高	2.75 m
路上最大速度	125 km/h
路上航続距離	500 km（ガソリンエンジン型）
主機関	V-8 ガソリン/ターボディーゼル
機関出力	134/111 hp
トランスミッション	マニュアル前進5段後進1段
懸架方式	コイルスプリング
乗員	8名

ARM A （トルコ）

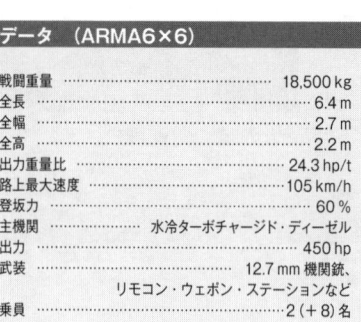

TURKEY

(S. Kiyotani)

ARMAはトルコのオトカ社が、トルコ陸軍の装輪装甲車調達計画（OMTTZA）への参加を見込んで開発した、水陸両用の装輪装甲車だ。トルコ陸軍はNBC偵察型や自走レーダー型などを含む、合計336輌の装輪装甲車の調達計画を進めており、ARMAはパトリア社のAMVの派生型などのライバルと共にトライアルを行なった。

しかし選定が先送りされたため、オトカ社はトルコ陸軍への提案も続けながら、輸出も行なうこととして、2010年のユーロサトリでその存在を明らかにした。

車体の防御力はNATO共通防御規格STANAG4569のレベル2で、7.62mm×39徹甲弾の直撃に耐えられ、対地雷防御力は8kgのTNT火薬の爆発に伴う爆風に耐えるレベル3bと高く、また車内のシートにも対地雷仕様のものを採用するなど、地雷対策に力点が置かれている。

パワー・プラントは450hpの水冷ターボチャージド・ディーゼルを採用しており、6速のオートマチック・トランスミッションと組み合わせている。サスペンションは独立油圧式で、路上は6×4、路外では6×6を選択できる。路上最高速度調節装置も標準で装備されている。武装は12.7mm機関銃やリモコン・ウェポン・ステーションのほか、20mm機関砲などの搭載も可能とされている。

当初開発されたARMAは6×6バージョンのみだったが、輸出市場をにらんで8×8バージョンも開発されている。こうした努力が身を結んだのか、発注国は明らかにされていないものの2010年と2011年に、6×6バージョンの受注を獲得している。

データ （ARMA6×6）

戦闘重量	18,500 kg
全長	6.4 m
全幅	2.7 m
全高	2.2 m
出力重量比	24.3 hp/t
路上最大速度	105 km/h
登坂力	60 %
主機関	水冷ターボチャージド・ディーゼル
出力	450 hp
武装	12.7 mm機関銃、リモコン・ウェポン・ステーションなど
乗員	2 (+8) 名

KAYA

TURKEY
（トルコ）

KAYAはトルコのオトカ社が開発した、4×4の耐地雷装甲車だ。

（S. Kiyotani）

オトカ社は既存のシャーシと自社製作したボディを組み合わせた装甲車輌の開発を得意としており、過去にもランドローバーのシャーシを流用したアクレプ、HMM VWのシャーシを流用したコブラを開発しているが、KAYAも同様にメルセデス・ベンツの4×4クロスカントリー車輌、ウニモグ5000のシャーシを流用する形で開発されている。

オトカ社が自社製作したボディの防御力については明らかにされていないが、オトカ社は高い耐弾および対地雷防御力を持つとしている。兵員室には10名の兵士を収容可能で、オトカ社はこの兵員室をカーゴスペースとしたタイプも提案している。なお、このタイプは乗員用のキャビンのみが装甲化される。

パワー・プラントは排気量4,800ccの4気筒ターボチャージド・ディーゼルエンジン（218hp）を採用しており、大柄な車輌にもかかわらず、路上最大速度は96km/hに達する。

KAYAはファミリー化を前提とした設計がなされており、前述した装甲兵員輸送型と貨物輸送型のほか、装甲救急車型や指揮通信車型なども提案されている。

データ

戦闘重量	12,500 kg
全長	6.4 m
全幅	2.5 m
全高	2.9 m
路上最大速度	105 km/h
主機関	4気筒ターボチャージド・ディーゼル
出力	218 hp
乗員	2（＋10）名

エジャー (トルコ)

TURKEY

エジャーはトルコのヌロルマキナ社が自社資金で開発した、6×6の装輪式装甲兵員輸送車だ。エジャーという名称はトルコ語で竜を意味する。ヌロルマキナ社は過去にルーマニアと共同で6×6の装輪装甲車RN-94を開発しており、エジャーの開発にはその経験が活かされているという。

エジャーの車体は防弾鋼板製で、全周に渡って7.62mm弾の直撃、車体前面は14.5mm弾の直撃に耐えられるとされている。対地雷防御力もNATOの標準防御規格、STANAG4569のレベル4を達成しており、炸薬量10kgの地雷の爆風から乗員を保護することができる。また、増加装甲の装着も可能とされているほか、自動消火装置も標準装備されている。ただしNBC防護装置はオプションとされている。

APC型は7.62mm機銃または40mmグレネード・ランチャー、歩兵戦闘車型は25mm機関砲が標準的な武装だが、ヌロルマキナ社は90mm低反動砲の搭載も可能としている。エジャーもこの種の車輌のご多分に漏れずファミリー化が構想されており、現在までにAPC型と歩兵戦闘車型のほか、指揮通信車型、NBC偵察車型、工兵車輌型などが提案されている。

エジャーはトルコ軍には採用されていないが、グルジア陸軍にAPC型とIFV型など、合計90〜100輌が採用されている。

(S. Kiyotani)

データ (APC型)

戦闘重量	18,000 kg
全長	7.05 m
全幅	2.69 m
全高	2.4 m
出力重量比	22.33 hp/t
路上最大速度	110 km/h
航続距離	600 km
主機関	カミンズISLe3-400 6気筒ターボチャージド・ディーゼル
出力	402 hp
武装	7.62mm機関銃、40mmグレネード・ランチャーなど
乗員	2 (+10) 名

アル・シビル

(サウジアラビア)

アル・シビル(小さなライオン)は、サウジアラビアのミリタリー・インダストリー・コーポレーションの子会社、ヘビー・エキップメント・ファクトリー社が開発した、4×4の軽装甲車だ。同社はフランスのパナール社が開発したAML-90のライセンス生産や、民間向け4輪駆動車を小改造した軍用車輌などを手がけており、少なくとも生産に関しては経験を積んできた。

サウジアラビアでは過去に8×8の本格的な装輪式兵員輸送車「アル・ファハド」の開発が試みられたことがあったが、流石に技術的に手に余ったようで、アル・シビルはその失敗を繰り返さないためか、駆動系やエンジンなどはトヨタのランドクルーザーのものをそのまま流用している。

アル・シビルには小型のアル・シビル1と、ホイールベースを延長したアル・シビル2の2タイプが存在するが、両タイプとも車体は7.62mm弾の直撃に耐えることができる。また、燃料タンク部分も装甲化されているほか、ガラスには車体と同レベルの防御力を持つ防弾ガラスが採用されている。

武装はルーフトップのリング・マウントに、7.62mmまたは12.7mm機銃、40mmグレネード・ランチャーが搭載できるほか、リモコン・ウェポン・ステーションの搭載も可能とされている。

アル・シビルはサウジアラビア陸軍(1・2の両タイプ)に多数が導入されており、またタイプや導入数は不明だが、イエメンにも採用されている。

(S. Kiyotani)

データ (アル・シビル2)

戦闘重量	3,600 kg
全長	3.94 m
全幅	1.76 m
全高	2.51 m
路上最大速度	120 km/h
主機関	ディーゼル・エンジン
出力	221 hp
主武装	各種機関銃、40 mm グレネード・ランチャー、リモコン・ウェポン・ステーション
乗員	9名

RAM
ISRAEL
(イスラエル)

車体中央部にTOW対戦車ミサイルを搭載したRAM V-1の戦車駆逐車

RAM V-1の3面図

RAMは、イスラエル航空工業（IAI）のラムタ・ディヴィジョンが開発した小型の装輪装甲車で、1979年のパリ航空ショーで初めて公表された。

RAMには上部開放型の車体を持つタイプ（V-1）と、密閉式の車体を持つタイプ（V-2）が存在するが、基本的なレイアウトは一緒だ。車体は鋼製で、前部が乗員室、中央部が機関室、後部がスペアタイヤなどの荷物スペース、中央部が乗員室、後部が機関室となっている。

乗員室のレイアウトは前部に車長席と操縦手席が設けられ、その後ろに他の乗員が背中合わせに座る形となっている。

RAMは地雷の爆発による横転を防ぐため、重心位置が低くされており、また地雷の被害を避けるため、車輪も乗員室から可能な限り離れた位置におかれている。装甲はこの種の車輌と

国連活動仕様のRAM V-2

しては平均レベルで、砲弾片および7.62mm徹甲弾を防ぐことができる。

武装は基本タイプであるIFV（歩兵戦闘車）の場合、7.62mm機関銃3挺をピントルマウントに装備している。

またバリエーションとして、106mm無反砲M40を搭載した短射程戦車駆逐車、TOW対戦車ミサイルやLAHATを搭載した長射程戦車駆逐車、20mm機関砲の連装銃塔を搭載したTCM-20AA自走対空機関砲などがある。

RAMはイスラエルのほか、カメルーン、ガボン、コンゴ、ボツワナ、モロッコ、レソトなどで採用されており、また車体を25cm延長して、パワープラントを166hpのディーゼルエンジンに変更するとともに、対地雷防御力を強化した装甲偵察車輌のRAM2000、RAM2000をベースとした多用途型のRAM MkⅢも開発されている。

2012年3月にチリのサンチアゴで開催された兵器見本市FIDAEには、RAM MkⅢに、IAIが開発したセミアクティブレーザー誘導式対戦車ミサイル「Nimrod SR」のポップアップ式発射装置を装備した戦車駆逐車型が展示され、話題となっている。

RAMは構造こそ簡素だが、イスラエルの持つ豊富な実戦経験が十分に反映された実用性の高い車輌といえるだろう。

データ　(RAM V-1 カッコ内は RAM V-2)	
戦闘重量	5,570 (6,000) kg
全長	5.52 m
全幅	2.03 m
全高	1.72 (2.2) m
底面高	0.575 (車軸 0.31) m
車内燃料搭載量	160 l
出力重量比	22.95 hp/t
路上最大速度	96 km/h
路上航続距離	800 km
渡渉水深	1.0 m
超堤高	0.8 m
登坂力	64 %
主機関	デウツ空冷6気筒ディーゼル
出力	132 hp
トランスミッション	前進4段後進1段
懸架方式	リーフ・スプリング
主武装	7.62 mm 機関銃 ×3
(12.7 mm 重機関銃または 40 mm グレネード・ランチャー ×1、7.62 mm 機関銃 ×3)	
乗員	2+7名

エクストリーム

（イスラエル）

エクストリームはイスラエルのハーテンホフ社とネットスターム・セリニ社が共同開発した、4×4の多用途装甲車だ。

車体は防弾鋼鈑製のモノコック構造で、車体は全周に渡って7・62mm×51mm弾の直撃に耐えることができるが、増加装甲キットを装着によっては14・5mm弾の直撃に耐えるレベルにまで防護力を強化することができる。

車体下面は地雷の爆風を分散させるV字型構造が採用されており、炸薬量6kgの地雷の爆風から、乗員を防護することができる。またNBC防護装置や、アフガニスタンやイラクの戦訓から、IED（即製爆発物）の起爆を妨害するIEDジャマーも標準で装備されている。

パワー・プラントはカミンズ社製のディーゼル・エンジンで、275hpと350hpの両タイプから選択が可能とされており、アリソン社製の6速オートマチック・トランスミッションと組み合わされている。

武装はエルビット社製のリモコン・ウェポン・ステーションが標準装備とされている。このリモコン・ウェポン・ステーションは二種類の兵装を組み合わせる事が可能で、兵装は12・7mmまたは7・62mm機関銃、40mmグレネード・ランチャー、ノン・リーサル・ウェポン（非殺傷兵器）などから選択できる。

エクストリームの派生型には特殊部隊などでの運用を想定した、戦闘重量9,200kgの軽量化バージョンと、指揮通信車タイプなどが存在している。

(S. Kiyotani)

データ

戦闘重量	16,000 kg
全長	5.340 m
全幅	2.490 m
全高	2.510 m
路上航続距離	700 km
主機関	カミンズ社製ディーゼル・エンジン（排気量6,400cc）
機関出力	275または350 hp
トランスミッション	アリソン社製6速オートマチック
武装	リモコン・ウェポン・ステーション
乗員	8名

ウルフ

(イスラエル)

ウルフはイスラエルのラファエル・アドバンスド・ディフェンス・システムズ社（ラファエル社）が開発した4×4の装輪装甲車だ。ラファエル社はスパイク対戦車ミサイルや、「アイアンドーム」防空システムなどを手がける、イスラエル有数の防衛企業だが、装甲車の開発経験は乏しく、ウルフの開発にあたっては「ナビゲーター」などの地雷防護車輌を開発してきたハーテンホフ社の協力を仰いでいる。

ウルフの開発にあたっては、開発コストおよび維持コストを低減するためCOTS（商用オフ・ザ・シェルフ）の概念が用いられており、シャーシはフォード社製のF-500トラックのものが流用されている。防弾鋼板製の車体は、小銃弾や砲弾の破片の直撃に耐えるだけの防御力を持つ。

パワー・プラントは325hpのV型8気筒ターボ・ディーゼルエンジンが採用されており、5段変速のオートマチック・トランスミッションと組み合わされている。

武装は5.56mmまたは7.62mm機関銃のほか、ラファエル社製のリモコン・ウェポン・ステーションなどの装備も可能とされている。

ウルフはイスラエル国防軍に、装軌式のM113装甲兵員輸送車の後継として採用されたほか、ナミビア国防軍、ルーマニア陸軍、グルジアの軍と警察、マケドニアの法執行機関にも採用されており、現在までに150輌以上が製造されている。

上：(לודגה סולר) 下：(S. Kiyotani)

データ

戦闘重量	8,000 kg
全長	5.75 m
全幅	2.38 m
全高	2.35 m
主機関	V型8気筒ターボ・チャージド・ディーゼル
出力	325 hp
乗員	2 (+8) 名

サンドキャット

（イスラエル）

サンドキャットはイスラエルのプラサン社が、イスラエル国防軍のストーム4×4汎用車輛の後継として開発した4×4の軽汎用装甲車輛だ。2005年の10月に初公開された際には、カラカルの名称で紹介されたが、2006年からはサンドキャットという名称も併記されるようになった。

車体は重量を軽減するため、防弾鋼板とセラミック複合材で構成されている。防御力に関しては明らかにされていないが、小銃弾の直撃程度なら耐えるものと見られる。

また、複合材を使用したBキットと呼ばれる増加装甲も用意されている。車内にはスポール・ライナー（内張り装甲）も施されており、NBC防護装置、自動消火装置、エアバッグなども標準装備されている。

車体底面は地雷対策としてV字型構造を採用しているほか、狙撃の際に目標となりやすい側面の窓は極力面積を小さくして防弾ガラスを採用し、さらにその上からスラット・アーマーを装着するなど、防御力を向上させるための配慮が随所に施されている。

車体のデザインに関してはステルス性を配慮して直線部分を少なくしており、その独特のフォルムはイスラエルの自動車雑誌で「セクシー」と評されている。

2008年にカラカルの製造・販売権はアメリカのオシュコシュ・ディフェンス社に移譲されており、これを機にカラカルはサンドキャットに統一されている。サンドキャットとなって以降、シャーシがフォード社製のF550トラックのものに変更されており、プラサン社時代の車体に比べて、若干マッシブになった印象を受ける。

パワー・プラントはフォード社製の排気量6,400ccディーゼル・エンジンを採用しており、5段変速のアリソン2000オートマチック・トランスミッションと組み合わされている。サンドキャットは市販もされており、アメリカの自動車雑誌はサンドキャットの操縦性に高い評価を与えている。

（Dino246）

オランダ軍に提案された特殊部隊モデル（S. Kiyotani）

RWSを搭載したブルガリア軍警察のオシュコシュ・サンドキャット（Krasimir Grozev）

武装はリモコン・ウェポン・ステーションが標準とされているが、機銃やグレネード・ランチャーなども装備できる。現時点では汎用型と貨物輸送型のほか、特殊部隊型（SOV）も提案されている。

カラカル時代はイスラエル国防軍の採用しか得られなかったが、セールス力の高いオシュコシュ・ディフェンス社でサンドキャットに生まれ変わってからは順調に受注を獲得しており、現在までにブラジル、カナダ、コロンビア、メキシコ、ナイジェリアの5ヵ国に採用されている。

データ

戦闘重量	8,845 kg
路上最大速度	120 km/h
主機関	フォード社製ディーゼル・エンジン
出力	325 hp
主武装	リモコン・ウェポン・ステーションなど
乗員	4〜8名

ワイルドキャット

(イスラエル)

ワイルドキャットは、イスラエルのIMI（Israel Military Industries）社が開発した、4×4の対地雷防護車輌だ。

車体は防弾鋼板製で、防御レベルはキットAと呼ばれる装甲を装着した状態で、全周に渡って7.62mm弾の直撃弾に耐えられる程度だが、キットB、キットCと呼ばれる2つの増加装甲キットも用意されており、キットBを装着すれば12.7mm弾、キットCを装着すれば、14.5mm弾の直撃に耐えることができる。なお、キットCにはスラット・アーマーも含まれており、RPGシリーズなどのロケット弾に対する防御力も付与されている。

車体底部はV字型構造を採用しており、地雷の爆風から乗員を防護することができる。また、NBC防護システムや自動消火装置なども標準装備されている。

パワー・プラントはカミンズ社製のディーゼル・エンジン、トランスミッションはアリソン社製のオートマチックを採用したシャーシはタトラ社製の4×4汎用車輌をベースとしている。

武装はリモコン・ウェポン・ステーションの搭載が想定されており、また車内8ヵ所にガン・ポートが設けられている。市街戦を意識してキャビンには斜上にもビジョンブロックが設けられている。この種の車輌のご多分に漏れず、ワイルドキャットにもファミリー化構想があり、現時点で指揮通信車型や装甲救急車型などが提案されている。

IMIがユーザーとして想定しているアメリカやイスラエルからの受注は獲得できていないが、2012年にケニアが特殊部隊として採用を決めたとの報道もある。

(S. Kiyotani)

データ

戦闘重量	18,500 kg
路上航続距離	700 km
主機関	カミンズ社製ディーゼル・エンジン
出力	325 hp
最高速度	105 km/h
武装	リモコン・ウェポン・ステーション
副武装	7.62 mm機関銃
乗員	3+9 名

ファハド

(エジプト)

ファハドはドイツのテッセン・ヘンシェル社の設計を基に、エジプトで生産されている装輪装甲車だ。1985年から生産が始められ、翌年からエジプト軍への引き渡しが始められている。また、輸出も活発に行われており、アルジェリア、オマーン、クウェート、コンゴ、スーダン、コンゴなどにも採用され、現在までに派生車も合わせて2,000輌以上が生産されたものと見られている。

車体は、ダイムラーベンツLAP1117/32トラックをベースに装甲ボディを被せたもので、各部に民生用の部品が流用されている。装甲はスチール製で、砲弾片や7.62mm徹甲弾を防ぐことができる。

車体前部右側に車長席、前部左側に操縦手席があり、後部は兵員室になっていて背中合わせにシートが設けられている。兵員室の両側面に4か所ずつ、後面に1か所の計8か所にビジョンブロックとガンポートが備えられている。

バリエーションとして、兵員室上面に7.62mm機関銃塔または12.7mm重機関銃塔を搭載した車輌、20mm機関砲塔を搭載したファハド280のようなBMP-2の重武装をそのまま搭載したファハド280のような車輌などがある。なかにはBMP-2の重武装をそのまま搭載した車輌も存在するが、基本的にはAPC（装輪式の装甲兵員輸送車）というよりも装甲バスと呼ぶのがふさわしい車輌だ。

装輪APCというよりも装甲バスというべき外観を持つファード

データ （ファハド240APC型）

戦闘重量	10,900 kg
全長	6.0 m
全幅	2.45 m
車体高	2.1 m
出力重量比	15.4 hp/t
路上最大速度	90 km/h
路上航続距離	800 km
主機関	メルセデス・ベンツ OM352A 水冷6気筒直噴ターボチャージド・ディーゼル
出力	168 hp
乗員	2+10 名

ラクシュ

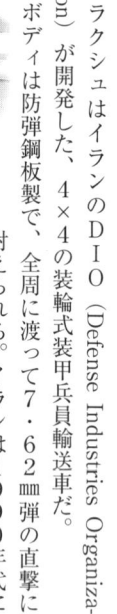

（イラン）

ラクシュはイランのDIO（Defense Industries Organization）が開発した、4×4の装輪式装甲兵員輸送車だ。ボディは防弾鋼板製で、全周にわたって7.62mm弾の直撃に耐えられる。イランは1990年代に市販のトラックと装甲ボディを組み合わせた、4×4の装甲兵員輸送車（名称不明）を開発したことがあるが、ラクシュもそれと同様に市販のトラックのシャーシを流用していると見られており、同一系統の車体の可能性もある。

パワー・プラントは4気筒ディーゼル・エンジン（155hp）を採用しているが、若干アンダーパワー気味で、路上最大速度は95km/hと、この種の車両としては見劣りがする。ただし、ランフラットタイヤやタイヤの空気圧調節装置などは標準で装備されており、路外での機動性に関しては標準的なレベルに達しているものと思われる。

装甲兵員輸送車型の武装は12.7mm機銃で、車内にはガンポートも設けられている。また、23mm対空機関砲を搭載した対空自走砲型や、30mm機関砲を搭載した歩兵戦闘車型なども存在している。

ラクシュはイランの陸軍と革命防衛隊、警察のほか、少数がスーダンにも採用されているようで、スモーク・グレネード・ランチャーや増加装甲、NBC防護システムなどのオプションも用意されている。

ラクシュ以前、1990年代に開発された装甲兵員輸送車

データ （APC型）

戦闘重量	7,500kg
全長	6.06m
全幅	2.40m
全高	2.43m
出力重量比	20.66 hp/t
路上最大速度	95 km/h
登坂力	65%
主機関	DO 824LFL09 4気筒ディーゼル
出力	155 hp
主武装	12.7mm 重機関銃
乗員	10名

第12章
南アフリカ

ラーテル

(南アフリカ)

SOUTH AFRICA

ラーテルは1960年代後半より、南アフリカ陸軍が使用してきたサラセン装甲車の代替車輌として、サンダック・アストラル社（現在はBAEシステムズ・ランドシステムズ・サウスアフリカ社）によって開発が進められてきた。サンダック・アストラル社はフランスのパナール社のAML装甲車を改良したエラントを生産しており、新型装甲車を開発する技術的な蓄積は十分にあった。1974年に最初のプロトタイプが完成し、1976年には前生産型が製造されている。

同一の車体から数多くの派生型を生み出す

当時南アフリカはアパルトヘイト政策への国際的反発により、国際社会から孤立し、貿易や兵器の輸入を制限され、経済は悪化、南アフリカ政府は財政的にも厳しい状態であった。当然兵器開発には可能な限りの生産効率の向上が求められた。このためラーテルはファミリー化を前提に開発されている。また可能な限り民生用のコンポーネントを採用したほか、砲塔はエラントから流用されている。しかし、こうした手法は現在ではポピュラーになっており、ラーテルは図らずも先進的な開発方法をとってきたことになる。

基本形となるラーテル20は20mm機関砲を搭載した世界初の装輪型の歩兵戦闘車である。LIWのF2 20mm機関砲はAPで

南ア陸軍で使われているラーテルのファミリー。左から火力支援型のラーテル90、指揮車型のラーテル12.7mm コマンド、自走81mm迫撃砲のラーテル81、指揮通信型ラーテル12.7mm コマンド、自走対戦車ミサイルのラーテルATGM、20mm機関砲を搭載するラーテル20 歩兵戦闘車

射程1,000m、HEで2,000mである。ラーテルは全長7m、幅2.5m、重量18tという大型の6輪装甲車だが、これは車体前面で20mm、側面も最大10mmという、装輪装甲車としては極めて厚い装甲をもっているからである。このため車体前面は12.7mm弾の直撃に耐えることができる。

車軸上に置かれた操縦席は、3方を防弾ガラスに囲まれているため視界は良好で、戦闘時には普段は展開してある防弾板で操縦席を覆う。兵員室のドアは左右とエンジン横の後部の3カ所にあり、迅速な乗降が可能になっている。また兵員室上部のハッチは防盾としても使用できる。

218

20mm砲を搭載した砲塔は2名用で、砲の操作はマニュアルである。歩兵用のガンポートは左右に計8個（内2個は左右のドアに設置されている）あり、防弾ガラス製の覗き窓が設けられている。車内側には各ガンポート下に予備弾倉10個を収容できるマガジンラックが備えられている。

エンジンは282hpのターボディーゼル・エンジンで、上部のエンジン用ハッチを外すことにより容易に交換が可能である。トランスミッションは前進6段、後進2段のオートマチックだ。懸架装置は3軸6輪、全輪独立懸架でコイルスプリングとダブルの緩衝装置からなる。

改良型のMk2と主な派生型

ラーテルは段階的に改良が重ねられており、1979年からナビビアなどでの戦訓を取り入れ改良されたMk2の量産が開始された。その後、冷房システム、ブッシュでの防御力、20mm機関砲弾のコッキングの自動化など、戦訓を取り入れる形で改良を加えたMk3が、1987年から生産され、南アフリカ陸軍のラーテルはすべてMk3仕様に改修されている。

ラーテルからは南アフリカ陸軍の次期装輪式装甲車の候補として、成形炸薬型の地雷に対応すべく、車体の高さを抑えるとともに、車体下部の装甲にセラミック板を挟み込むなどの改良を加えたAMVに技術実証車輌のクロコダイルを開発したが、AMVに敗れて採用には至らなかった。

ラーテルは多くの派生型が開発されている。主な派生型は以下の通り。

■ラーテル60 IFV
エラント60の砲塔を流用したタイプで、有効射程1,500mのM2 60mm迫撃砲を搭載している。

■ラーテル・コマンド
3台の無線機、テープレコーダー、宣撫用のスピーカー、マップボードなどを搭載している。砲塔の主武装にはL4 12.7mm重機関銃を搭載している。

■ラーテル81
砲塔を撤去してルーフは観音扉式とし、兵員室にターンテーブル式の81mm迫撃砲を搭載している。兵員は3名の迫撃砲要員のみである。

■ラーテル90
LIWのGT-90低圧90mm砲を搭載した火力支援車で、有効射程はHEAT弾で1,200m、HE弾で2,200m。実戦ではT-55やT-62といった

ラーテルはファミリー化のはしりで、一車種で戦闘部隊を編成することが可能だ

ラーテルに近代化を施したイクラワァ
写真のものは25mmRWSを搭載している (S. Kiyotani)

のミサイルを収納できる。

この他にも8輪の飲料水や食料、弾薬などを搭載した補給車輌、120㎜迫撃砲搭載型、砲兵支援車輌が試作されたが、採用はされなかった。なお、ラーテルは南アフリカ陸軍のほか、ヨルダン、モロッコ、ガーナ、ジブチなどに採用されている。

BAEシステムズ社は06年にラーテルに近代化を施したイクラワァを発表した。

ラーテルの左後部に配置されているエンジンをカミンス社を主力戦車を撃破したこともあるという。

■ラーテル・メンテナンス
ラーテル20をベースとした野戦車輌補修車。スペアパーツ、工作機械、エアコンプレッサーなどを搭載している。

■ラーテルZT3
砲塔にケントロン社のスイフトZT-3対戦車ミサイルの3連装ランチャーを装備したタイプ。88年のアンゴラ侵攻作戦で初めて使用された。車内には12発の予備

450hpのものに換装、パワーパック化されて運転席右後部に移動された。このためエンジン右横の兵員室から後部ドアまでの通路のスペースも兵員室の一部として利用できるので、実質的な車内容積が拡大し、運転手を除くと最大14名の兵士が搭乗できる。

また電気系統なども一新されて装甲も強化されている。運転手席はベトロニクス化されており、後方監視用の二つのビデオモニターが装備されている。防御レベルは増加装甲など付加することによりNATO規格のレベル5まで強化することが可能である。車体下部の耐地雷防御も3Aないし、3Bにまで強化できる。

メーカーでは近代化の改修を1輌当たり3百万ラント（邦貨にして約三千万円）程と見積もっている。

データ （ラーテル90）

戦闘重量	19,000 kg
全長	7.212 m
全幅	2.516 m
全高	2.105 m
底面高	0.34 m
出力重量比	14.84 hp/t
路上最高速度	105 km/h
路上航続距離	860 km
渡渉水深	1.2 m
超堤高	0.6 m
超壕幅	1.15 m
登坂力	60 %
転覆限界	30 %
接近／脱進角	44°／45°
旋回半径	8.5 m
主機関	ブッシング D 3256 BTXF 型 6気筒ターボチャージャー付ディーゼルエンジン
主機関出力	282 hp/2,200 rpm
ギアボックス	前進6速、後進2速
トランスミッション	ランク HSU106 オートマチックトランスミッション
懸架方式名	ソリッドアクセル、コイルスプリング
主武装	90 mm 砲
副武装	7.62 mm 機関銃×3
弾薬搭載数	90 mm 砲 69 発、7.62 mm 機関銃 6,000 発
乗員	10 名

マンバシリーズ

(南アフリカ)

マンバは南アフリカ国防軍で、パトロールなどを主任務とする分隊が運用する軽装甲車として開発された。最初に開発されたマンバMkIは、市販のトラックをベースとしたため2輪駆動だったが、南アフリカ国防軍がさらなる路外踏破性能を要求したため、4輪駆動のマンバMkIIが開発されることとなった。

マンバMkIIの車体はモノコック構造で、耐地雷構造を有しており、7.62mm弾に耐える装甲を持ち、乗員2名+兵員9名を収容できる。

操縦席、兵員室は防弾ガラスで覆われており、良好な視界を確保している。通常の乗降は車体後部のドアを使用するが、操縦席と兵員室のルーフにもハッチがあり、これらは戦闘時には防盾として使用できる。

エンジンは124hpのOM352ディーゼル・エンジンを使用しており、車体前部にレイアウトされている。エンジンは台座ごと前方に引き出すことができ、容易に修理・交換が可能とされている。前輪右上部の燃料タンクはベルトで固定されており、こちらもカバーを外せば簡単に交換できる。なお、前輪左上部は10

0ℓの飲料水タンクとなっている。

マンバMkIIはウニモグの駆動系を使用しているため、機動力に優れ、登坂力は40.8度もあり、路上最大速度も102km/hに達する。

兵員輸送型以外にもウェポンキャリア型や救急車などの派生型も多く開発されており、エンジンをメルセデス・ベンツ社製の312Nに変更したMkIII、エンジンをイベコ社製のユーロ3に変更し、装甲を強化したMk5も登場している。

マンバシリーズは南アフリカ国防軍のほか、アメリカ、イギリス、カナダなど多くの国で採用されている

マンバMk.IIは操縦席、兵員室共に良好な視界を有している

データ (マンバMkII)

戦闘重量	6,800 kg
全長	5.46 m
車体長	5.697 m
全幅	2.205 m
全高	2.495 m
路上最高速度	102 km/h
路上航続距離	900 km
旋回半径	6.25 m
主機関	ダイムラーベンツ OM352 6気筒液冷ディーゼル・エンジン
主機関出力	123hp/2800rpm
乗員	2+9名

ロイカット

南ア陸軍独自の大型装甲偵察車

（南アフリカ）

SOUTH AFRICA

(S. Kiyotani)

ロイカットは旧式化したエラント装甲車の後継として南ア陸軍の要求により、威力偵察を目的として開発された強力な8輪装甲車である。1990年から南ア陸軍へ配備が始まり、現在までに100輌以上が生産されている。

車体は防弾鋼板の溶接で、重量は28tと8輪装甲車として最も重い部類に入る。これは防御を重視したためで、正面装甲はロシア製の23mm機関砲弾の直撃に耐えられる。また南ア装甲車の常では対地雷構造も付加されている。車輪を1つ失っても最大速度で走行でき、2つを失っても依然走行が可能であり、戦場における生存性は極めて高い。

エンジンは563hpのV10水冷ディーゼルエンジンを搭載し、最高速度は路上で120km/hと極めて高速であり、航続距離は900kmと長大である。また、燃費向上のため路面状態に合わせ駆動を8×8、8×4に選択することができる。

乗員は4名で、操縦席は視界を確保するため車体前部中央にある。その他車長、砲手、装填手は砲塔に位置する。主砲はLIW社が海軍用に開発した76mm砲を転用したGT4で、APFSDS弾で3kmの射程を有している。

開発当時は105mm砲を搭載する案もあったが、南部アフリカで多く使用されていた戦車はT-55やT-62などの旧式であったため、このため76mm砲でも全ての角度から破壊することが可能であった。戦闘時にはより多くの弾薬を携行する方が有利である。

ロイカットの内部透視図

A- 車長席
B- 砲手席
C- 装填手席
D- 操縦士席

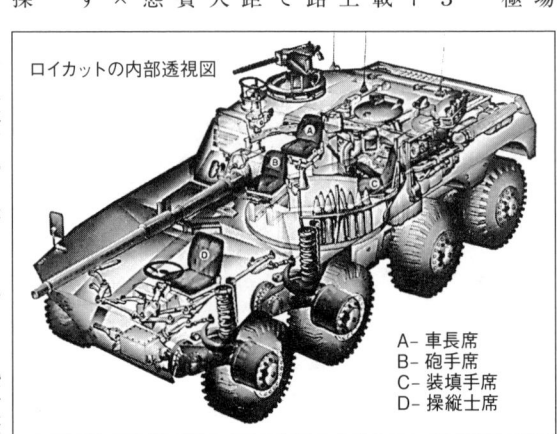

222

ロイカット　ハイブリッド実証車 (S. Kiyotani)

主砲を105mm化したロイカット105

ロイカットは海外市場を見込んで、105mm砲を搭載したタイプも開発されている。西側でスタンダードな105mm砲のL7をベースとしたLIW社が開発した低反動砲を搭載しており、NATO標準弾が使用できる。

また、射撃管制装置も一新され、APFSDS弾を使用した場合、2,000mでのグルーピングは1.5m²に達する。

105mm砲を搭載するため車体の軽量化が図られた結果、総重量は800kg程軽くなっている。さらに接地圧軽減のためタイヤの幅広のものに替えられ、タイヤ空気圧調整装置も付加されている。

さらに、98年に開催されたDEXSA（南アフリカ防衛見本市）においてはロイカットをベースにしたロイカットICV（歩兵戦闘車）も発表されている。ロイカットICVは将来の南ア陸軍のICV開発のための技術実証車輌で、車体は新たに設計され、ラーテルの20mm機関砲を搭載した砲塔を装備していたが、採用にはいたらなかった。ロイカットからは自走対空砲型や自走対空ミサイル型も開発されているが、派生型も含めて海外からの受注は獲得できていない。

また、ハイブリッド動力システムを搭載した実証車も開発されている。

ことを戦訓から学んでいた南ア陸軍は、より多くの砲弾を搭載でき、速射性能に優れた76mm砲を採用した。主砲の携行弾は48発で、機銃は3,000発である。射撃管制装置は、レーザーレンジファインダー、昼夜用サイト、デジタルコンピューター、2軸の安定装置を組込んだ戦車並のものを採用しており戦闘力は極めて高い。

データ （76mm砲搭載型）	
戦闘重量	28,000 kg
全長	8.2 m
車体長	7.09 m
全幅	2.9 m
全高	2.8 m
底面高	0.4 m
出力重力比	20.11 hp/t
加速力（0～30 km/h）	8秒
路上最高速度	120 km/h
路上航続距離	1,000 km
渡渉水深	1.5 m
超堤高	0.5 m
超壕幅	1～2 m
登坂力	70 %
転覆限界	30 %
接近／発進角	45°／60°
旋回半径	25 m
主機関	V10 液冷ディーゼルエンジン
主機関出力	260 hp/2,400 rpm
ギアボックス	前進6速、後進1速
トランスミッション	オートマチックトランスミッション
懸架方式	トレーリングアーム
主武装	76 mmGT4 ライフル砲
副武装	7.62 mm 機関銃×2　煙幕弾発射機
弾薬搭載数	砲弾48発　7.62 mm 弾丸3,600発
乗員	4名

RG-31チャージャー

(南アフリカ)

SOUTH AFRICA

マンバと良く似た耐地雷装甲車

BAEシステムズ・ランドシステムズ・サウスアフリカ社のRG-31チャージャー（ナヤラ）は、同じ南アフリカ製の装甲車であるマンバと良く混同される。実際外見だけでなく、最大速度、航続距離、ペイロード、乗員数などのスペックはほとんど拮抗していると言ってよい。

それもそのはずで、両者は元来同系列の車輛なのである。RG-31は、開発したTFM社は、4×2のマンバMk Iを製造してきたが、その後継車輛、マンバMk IIの生産はロイメック・サンダック社に移ってしまった。このためTFM社は自社用モデルがあり、これはスコーピオンと呼ばれている。このタ

ヴィッカースOMC社の製品となったRG-31チャージャー

装甲車RG-12をベースに、マンバMk IIと同じ4×4の耐地雷装甲車を開発して、これがRG-31チャージャーとなった。

ただし、トランスミッションがオートマチックであり、操縦席と助手席上部のハッチが観音開きであることなどはマンバMk IIと大きく異なる。

RG-31の駆動系はウニモグのものを使用している。ウニモグは世界で広く軍民両用のオフロード・トラックとして採用されているため、駆動系の部品の入手が容易に行なえるという利点がある。

装甲は7.62mm弾ないし5.56mm弾の耐弾能力をユーザが選択できる。耐地雷に関しては、ロシア製のTM-57対戦車地雷1個が車体下部で、また2個が車輪下で爆発しても乗員の生命は守られる。ピックアップ・タイプのモデルや、兵員室を取り払ってフラットにした後部荷台に機銃を搭載した奇襲部隊

2門の20mm機関砲を荷台に搭載したウェポンキャリアー型のスコーピオン

イプは多連装ロケットや対戦車ミサイルなどのプラットフォームとして提案されている。

各国での採用例

南アフリカ国内では当初、RG-31をローデシアの戦闘にも参加していた、軽装備の準軍隊SAPで使用していたが、その後国防軍にも大量に採用されている。1998年にアメリカ軍はアバディーン陸軍試験場に同車を運び込み、実際に車体下で地雷を爆発させ試験したが、結果がきわめて良好だったため、特殊部隊用としてRG-31の調達をされている。

21世紀に入り、対テロ戦が激化してからはアメリカ陸軍と海兵隊はRG-31の大量調達に踏み切っており、海兵隊は車体を拡張して積載量を増やし、防御能力を強化したMk5Eを1,385輛調達している。現在ではMk6も開発されている。

また、カナダ、スペイン、UAEや国連、さらには民間軍事会社などにも採用されており、今後も採用国は増えていくものと思われる。

決定した。アメリカ軍用は極寒地や砂漠などでも長時間車内に留まって作戦行動を行なえるように、強力な冷暖房用エアコンが運転席と助手席後部に設けられ、エンジンを停止したままでもこれを作動させるために、APU（補助動力装置）が追加されている。

イングエ対戦車ミサイルランチャーを搭載したRG-31Mk5

RG-31はアメリカ陸軍でもMRAPとして大量に採用された

データ （APC型）

戦闘重	8,400 kg
全長	5.88 m
全幅	2.3 m
全高	2.27 m
底高	0.40 m
出力重量比	20.0 hp/t
路上最高速度	105 km/h
登坂力	60 %
旋回半径	8.0 m
主機関	メルセデスベンツ OM366A型 6気筒ターボチャージャー付液冷ディーゼルエンジン
主機関出力	168 hp/2,800 rpm
トランスミッション	アリソン AT-545 4速オートマチックトランスミッション
懸架方式	リーフスプリング、オイルダンパー
乗員	2+10 名

G6 ライノ

(南アフリカ)

その独特な外見から現地語のアフリカーンスでライノ、つまりサイと呼ばれるG6は、世界に先駆けてベース・ブリード弾を採用し、39kmという長大な射程を実現した装輪自走砲だ。

1970年代、南ア陸軍が第二次世界大戦で英軍が使用していた25ポンド砲や5・5インチ砲を使用していたのに対し、周辺の敵勢力はソ連製のBM-21 122mm多連装ロケットランチャーなど強力な砲兵システムを有しており、破壊力、射程のいずれにおいても劣っていた。弱体な砲兵システムは南ア陸軍の長い間の頭痛の種であった。

この状況を挽回すべくLIW社が開発したのが45口径の牽引型の155mm榴弾砲G5である。これは標準弾でも射程が30km、ベース・ブリード弾なら最大射程が39kmという当時実用化されていた野砲では最も長い射程を有しており、1981年から配備が開始され、87年から88年にかけてのアンゴラ進攻の際、アンゴラ南西部のロンバ川の戦闘などにおいて、敵の砲兵をアウト・レンジで叩きその実力を示した。

G5榴弾砲を車載化したG6ライノ

このG5を車載用として改良し、搭載したのがG6である。車体は装甲鋼板の溶接構造であり、前部装甲はロシア製の23mm機関砲弾の直撃に耐えられる。前輪前部中央に3方を防弾ガ

ラスに囲まれた単座の操縦席があり、前輪の車軸の後方に空冷525hpのディーゼル・エンジンを搭載し、さらにその後方が砲塔と戦闘室となっており4名の乗員が搭乗する。操縦席前部は障害物を除去するために楔形になっており、その内部は弾薬庫として使用できる。巨大な6輪タイヤは空気圧調節装置がついており、路面状態に応じて接地圧を変えることができるため、不整地走行能力は高い。最大速度は85km/h（路外では30km/h）、航続距離

装輪車体によってG6は700kmもの路上航続距離を実現している

は700kmと装軌車輌では真似のできないパフォーマンスである。このため「カラハリ砂漠のフェラーリ」との異名がある。しかも走行から射撃までに要する時間は1分、射撃から走行に要するのは僅かに30秒である。

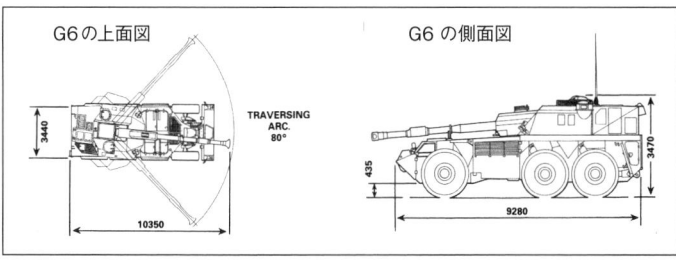

高度な射撃統制装置と長射程性能

主砲の発射速度は仰角75°、俯角5°で、最大装薬量で毎分3発の発射速度を15分間持続することが可能である。射撃統制システムはデジタル・パノラマ、レーザー・レンジファインダー、パッシブ暗視装置、砲口照合装置、弾道コンピューターなどを組み合わせた高度なものである。1988年から配備が始まったG6はアンゴラ進攻などで使用され、その機動力と長射程で南ア国防軍を勝利に導いた。また、その戦訓から200箇所を越える改修が行われている。

南ア国防軍はアサガイという新型155mm砲弾システムを開発し、ベース・ブリードとロケットアシストを併用することで、45口径のままで50kmの射程を実現している。また、砲を52口径155mm砲に換装し、FCSを近代化したG6-52と、G6-52の砲弾の装薬量を増加させ、70kmを超える最大射程を得たG6-52Lも開発されている。

G6はアラブ首長国連邦とオマーンなどにも輸出されており、輸出型は砲塔部に大型のクーラーを搭載し、これを動かすAPU(補助動力装置)を搭載しているのでその外見からも容易に識別できる。この他輸出用として、G6の車台にイギリスが開発した35mm対空砲塔「マークスマン」を搭載したタイプも開発されたが、採用国は現れていない。

G6の上面図

TRAVERSING ARC. 80°
3440
10350

G6の側面図

435
3470
9280

G6ライノの砲塔内部

データ (G-6)

戦闘重量	47,000 kg
全長	10.335 m
車体長	9.2 m
全幅	3.4 m
全高	3.3 m
底面高	0.45 m
出力重力比	11.17 hp/t
路上最高速度	90 km/h
路上航続距離	700 km
渡渉水深	1.0 m
超堤高	0.50 m
超壕幅	1 m
登坂力	40 %
転覆限界	30 %
旋回半径	12.5 m
主機関	空冷ディーゼル・エンジン
主機関出力	518 hp
ギアボックス	前進5速、後進1速
トランスミッション	アリソンMT653 オートマチックトランスミッション
懸架方式名	独立懸架式
主武装	45口径155mm砲
副武装	12.7mm対空機関銃、7.62mm機関銃、煙幕弾発射機
弾薬搭載数	155mm砲弾45発(装薬50個)
乗員	6名

キャスパー・シリーズ

（南アフリカ）

SOUTH AFRICA

警察・準軍隊用の対地雷装甲車

キャスパーは警察や準軍隊だった南ア警察（SAP）のCOIN用ACPとしてTFM社（現BAEシステムズ・ランドシステムズ・サウスアフリカ社）が自社で生産していたベットフォード・トラックのシャーシを流用して開発した、大型の4×4耐地雷兵員輸送車である。装甲は7.62mmのタイプであるMkIは1979年から生産されている。最初弾丸に耐えられ、操縦席、兵員室とも大胆に防弾ガラスを採用しているため視界がよく、周囲の警戒に非常に有利である。操縦席と車長席のルーフにはハッチがあり、車長席正面のフロント・ガラスにはガンポートがあり、ハッチには銃座が備えられている。初期に兵員室にルーフがないタイプが存在したが、手榴弾などによる攻撃に脆弱なため、左右3カ所ずつのハッチが付いたルーフが標準的に取り付けられた。通常ここには防盾付きの二連装の7.62mm機銃が搭載される。その下には左右兵員室は左右各三枚の大型の防弾窓があり、その下には左右6カ所、合計12カ所のガンポートが備えられている。車体はV字底のモノコック構造で、触雷の際は爆風を左右に逃がす設計となっている。シャフトなど駆動部はモジュラー式でむき出しとなっているが、ギアなど重要な部分は装甲化されている。つまり駆動系を装甲車体内部に収納するのではなく、その分車体の構造を単純化している。触雷して駆動部分が損傷した場合、モジュラーごと交換が可能となっており、損傷した部分を交換すれば即座に戦線に復帰できるため、前線での稼働率が極めて高い。

キャスパーは南ア陸軍や西南アフリカ（現ナミビア）の治

TFM社が1970年代後半に開発した対地雷装甲車キャスパー

右後方から見たキャスパーMkIIIのAPC型。各部の改良で完成度が高まっている。

228

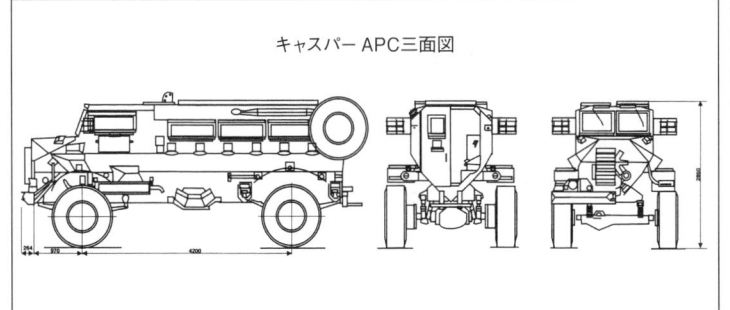

耐対人地雷用の鋼鉄製の車輪を装備したバッファロー

安部隊などでも使用され、81年からは耐地雷能力を強化し、エンジンも120hpから170hpに換装されたMk IIの製造に切り替えられた。最終型のMk IIIはアクセルやパワーレシオが改善され、より野外機動性が向上している。

キャスパーには砲兵指揮通信車輌、野戦救急車、106mm無反動を搭載した対戦車型、81mm迫撃砲搭載型など多くの派生型があり、またキャスパーをベースに、地雷処理用の機材や耐対人地雷用の鋼鉄製の車輪を装備した「バッファロー」、窓を大きくして視界を広くした警察用の「バイソン」なども開発されている。

アンゴラ紛争でその実力を発揮したキャスパーには、海外からの引き合いも多く、インドネシア、ネパール、ペルーなどにも採用されている。また、インドではライセンス生産が行なわれているほか、対テロ戦以降アメリカからも注目され、アメリカ海兵隊の対地雷車輌MRAPの参考として少数のキャスパーが導入されるとともに、バッファローの緊急調達も行なわれている。

キャスパーAPC三面図

データ（Mk III）

戦闘重量	12,580 kg
全長	6.87 m
全幅	2.5 m
全高	2.85 m
底面高	0.41 m
出力重力比	13.51 hp/t
路上最高速度	90 km/h
路上航続距離	850 km 以上
渡渉水深	1.00 m
超堤高	0.5 m
超壕幅	1.06 m
登坂力	65 %
転覆限界	40 %
旋回半径	10.5 m
主機関	ADE-352T型6気筒ディーゼルエンジン
主機関出力	170 hp/2800 rpm
ギアボックス	前進5速、後進1速
懸架方式	リーフスプリング
主武装	7.62 mm 機銃×1～3
乗員	2+10 名

RG-60

（南アフリカ）

RG-60は、TFM社（現BAEシステムズ・ランドシステムズ・サウスアフリカ社）が自社ベンチャーとして、自社の治安用装甲車RG-12をベースに開発した、軽装甲指揮通信・兵員輸送車輌だ。

4×4で高い外機機動力を備えており、軍の小部隊の指揮通信、準軍隊やPKO任務での兵員輸送などを想定して開発された。

鋼板の全溶接のモノコック構造で、車体のサイズのわりに車内容積は1・4㎡と大きく、ペイロードも2・4tある。操縦席には大型の防弾ガラスが大胆に使用され、兵員室にも片面に4つずつの大きな防弾窓が備えられており、周囲の観察ができる。また耐地雷構造を有しているのは言うまでもない。装甲は全周的に5・56mmNATO弾に耐えられる。

車体前部には7tの牽引力のあるウインチが装備されており、操縦席の背後には通信機器用のスペースが、操縦席横の車長席には、ルーフハッチと機銃用のマウントが設けられている。兵員室には通常、7名分のシートが備えられているが、2名分のシートを追加することもできる。また、兵員室後部にはエアコンが装備されている。

RG-60は長期に渡ってセールスが行なわれたものの採用国は現れず、現在はメーカーの商品ラインナップからも外されている。

RG-12をベースに開発されたRG-60 指揮通信・兵員輸送車

データ

戦闘重量	10.4（自重8.0）t
全長	5.455 m
全高	2.629 m
全幅	3.0 m
ホイールベース	3.0 m
主機関	CAT3116 ディーゼル、6気筒ターボチャージャー付き
同出力	185 hpwt
ギアボックス	4速パワーシフト・コントロール
最高速度	100 km
登坂力	60%
航続距離	500 km
乗員	1+8 (+2) 名

230

ワスプ

(南アフリカ)

SOUTH AFRICA

ワスプ（WASP）は、ヴィッカース・ランドシステム社（現BAEシステムズ・ランドシステムズ・サウスアフリカ社）が開発した特殊部隊用のオープントップの小型装甲車輌だ。座席レイアウトは前部に3名と、その間に左右に1名ずつ、後部に3名並列の計8名となっている。

前部のシートはフロントガラス中央のターレットに装着された火器の操作のために、座席の位置を高くすることができる。

また、後部のシートは取り外しが可能で、火器などを搭載するパレットを装着することができる。車体上部にはロールバーがあり、また予備のタイヤはロールバー上部に装着されている。

エンジンルームは装甲化されているが、フロントガラスの防弾ガラス化はオプションである。エンジンはVMモートーリ社製の2.8ℓディーゼルエンジンを使用している。ワスプは南アフリカの特殊部隊用に25輌が採用されている。

C-130に3輌を搭載することができる

後部シートは取り外しができ、60mm迫撃砲や多連装ロケットランチャーなどが搭載できる

データ

戦闘重量	3.6 t（自重 2.1 t）
全長	3.15 m
全幅	1.864 m
全高	1.875 m
出力重力比	30.83 hp/t
路上最高速度	120 km/h
路上航続距離	700 km 以上
旋回半径	8.5 m
登坂力	60%
主機関	4気筒モトリ・デトロイトディーゼル
主機関出力	140 hp
武装	7.62 mm 機関銃など各種
乗員	8名

RG-32シリーズ

SOUTH AFRICA （南アフリカ）

より生存性を高めたRG-32M

RG-32シリーズはTFM社（現BAEシステムズ・ランドシステムズ・サウスアフリカ社）が、治安維持などを想定して、RG-32スカウトをベースに開発した軽装甲車ファミリーだ。

RG-32の装甲は基本的に対5.56mm弾の直撃を想定しているが、ユーザーの希望に対7.62mm弾用装甲の採用も可能である。駆動系は4×4または4×2、エンジンはガソリンまたはディーゼル、運転席の左右もユーザーの意向によって選択できる。変速機は3速のオートマチックで、パワーステアリングを採用している。車体は装甲板を溶接したモノコック構造であり、転倒に対しても十分な対策が施されている。また窓ガラスは全て防弾で、ガンポートの設置も可能とされている。

2001年にはより堅牢で高い機動力を持つ、改良型のRG-32Mが登場している。RG-32Mはスウェーデンの採用を狙って開発されたことから、RG-32に比べて寒冷地での運用能力が強化されており、その甲斐あってスウェーデン軍に「ガルテン」の名称で採用されている。

またRG-32Mは装甲も強化されている。戦闘重量は7.5tで181hpのディーゼルエンジンを搭載している。後部のカーゴスペースを除いた全周で、7.62mmNATO弾の直撃に耐えられるほか、6kgの爆発に耐えるだけの防御力を持つ。

RG-32は開発国の南アフリカ、前述したスウェーデンに加えて、タンザニア、フィンランド、スロバキア、国連に採用されており、またRG-32Mもスウェーデン、アメリカ、スペイン、アイルランドからの採用を勝ち取っている。

データ（RG-32）

全備重量	4,450kg
全長	4.97m
全高	2.05m
全幅	2.06m
主機関	6気筒ターボチャージャー付きディーゼルまたはガソリン・エンジン
最高速度	105km/h
懸架方式	リーフスプリング
登坂力	60%
超堤高	0.20m
乗員	1+4ないし6名

オカピ

(南アフリカ)

オカピは電子戦車輌、G6ライノ装輪155mm自走砲などの指揮通信・射撃管制、野戦救急車などの用途向けに開発された大型の6×6車体で、車体はモノコック構造を採用している。

砂漠地帯でも高い機動力を発揮し、距離30m以上であれば全周的に7.62mmNATO弾にも耐えられる。車輪下でロシア製のTM-57地雷3発、胴体下で2発の同時爆発に耐えられる。

運転席の右後ろには搭載電子装備やエアコン用のAPU（補助動力装置）が搭載されており、また120ℓの飲料水タンクも内蔵されている。

車内にはG6の砲兵中隊を指揮するための指揮通信設備を搭載しており、観測用UAVや弾薬や工作設備を備えた兵站システムを搭載したゼブラ装甲トラックとともに砲兵指揮通信システム、AS2000を構成している。

現在のところ輸出成約はなく、ごく少数が南ア国防軍に配備されている。

武骨な外観だが大きな車内容積と高い機動性を持つオカピ指揮通信用装甲車

データ

全長	8.047 m
全高	3.3 m
全幅	2.480 m
主機関	6気筒 ディーゼル ADE447TI
同出力	336 hp
ギアボックス	オートマチック4速
最大速度	100 km/h
超堤高	0.48 m
超濠幅	1.2 m
航続距離	（路外24 km/h）900 km（路上80 km/h）
ペイロード	4,000 kg

チャーヴィー・システム

(南アフリカ)

CSI社のチャーヴィー・システムは世界でも他に類をみないタイプの道路の地雷探知・除去システムだ。地雷探知車輌のミーアカット、地雷探知・牽引車輌のハスキー、3輌の異なるタイプの地雷強制爆破トレーラー（MDT）、牽引式のレッドパックと呼ばれるスペアパーツキャリアー（牽引式）から構成される。このシステムに地雷を処理する工兵と装備を搭載した指揮及び工兵を輸送し、スペアパーツを牽引する車輌、牽引する車輌や装備を搭載、牽引する車輌が加わり、コンボイを組み、35km/hの巡航速度で一日200km以上の道路の地雷

(S. Kiyotani)

チャービー・システムの動力部を構成するMDV（左）とT/MDV（右）地雷探知トラクター

地雷爆破処理用のF-MDT（左）とS-MDT（右）トレーラー

234

の探知・除去が可能である。

ミーアカットは簡単にいえば耐地雷トラクターで、車体下部中央に左右に翼を広げるような形の磁気式の地雷探知機を装備している。大型の低圧タイヤを装備しているので、接地圧が低く、対戦車地雷を踏んでも激発する可能性は低い。地雷を探知した場合コンボイを止めて運転手がその場所をマークして、後続の工兵がその場で処理を行う。

それでも激発した場合や、あるいは探知不能な非金属性の対人地雷などを踏んで爆発した場合でも、車輪は車体本体から離れてレイアウトされており、なおかつ車体底面はV字型の耐地雷構造なので、被害は最小限に食い止められる。車輪から駆動系にかけてはむき出しの状態だがモジュール化されており、蝕雷の際には後続の工兵隊がモジュール・ユニットごとタイヤを取り替える。

ハスキーも同様の機能をもっているが、後続のMDTを牽引するためにより大型の車体となっており、システムと分離して単体で使用することもできる。

ハスキー2Gの乗員は、最初に登場したMk1からMk3までは1名だったが、最近になって2人乗りのハスキー2Gも登場している。ハスキー2Gはパワー・プラントにメルセデス・ベンツ社製のディーゼル・エンジンOM906LA、トランスミッションにアリソン社製の5速オートマチック・トランスミッションの2500SPを採用しており、乗員が増えた分だけキャビンも40％大きくなり、またエアコンも強化されている。

MDTはいわば巨大な文鎮にタイヤをつけたもので、探知し漏らした地雷をその自重で強制的に爆破させる。チャーヴィー・システムは自ら触雷によって迅速かつ低コストで地雷を処理できる、逆転の発想から生まれたシステムと言えよう。システムはC-130輸送機などで空輸が可能で、スペアパーツなどはコンテナにまとめて収納する。

チャーヴィー・システムは南アフリカ国防軍のほか、アメリカ、イギリス、フランス、スペイン、オーストラリア、ウガンダに採用されており、ドイツやインドなども興味を示している。

3種類のMDTはそれぞれ車軸幅が異なっており、進行方向に向かってローラーのようにもれなくカバーできるようになっている。

地雷の処理は離れて爆破させるか、接近する場合は激発しないように処理するものだが、チャーヴィー・システムは自ら触雷によって迅速かつ低コストで地雷を処理できる、逆転の発想から生まれたシステムと言えよう。

チャービーシステムの本体
MDV
T-MDV F-MDT S-MDT

データ

システムとしての公表データはなし

サミル装甲トラックシリーズ

(南アフリカ)

サミル・トラック・シリーズは、SAMIL (South Africa Military) の名が示す通り、南ア国防軍用のトラックとして開発された車輌だ。

サミル・トラック・シリーズにはサミル20、50、100の3タイプがあり、これらはそれぞれ積載量が2t、5t、10tとなっている。サミル・シリーズは南ア国防軍が使用していた、ドイツの Magirus Deutz (現 IVECO Magirus) 社の民間向けトラック後継として国内開発されている。装甲タイプも一部タイプが装甲化されている。装甲タイプの車体の装甲レベルは、対弾性に関しては小銃弾の直撃に耐えられる程度である。ただし、地雷対策に力を入れてきた南アフリカ国防軍用の装甲だけあり、各タイプとも車体底面には対地雷用の装甲が施されている。

サミル・シリーズの最大の特徴は派生型の多さで、兵員輸送型のほかサミル100のキャブを装甲化したカウベル MkⅡ、カウベル MkⅡに127mmロケット・ランチャーを搭載したバルキリー MkⅡ、サミル50を装甲化したサミル50装甲トラック、サミル20を装甲化したサミル20に、20mm機関砲を搭載したヤスタホックなど、多くの派生型が開発されている。なお、サミル20からは対地雷防護車輌「ブルドッグ」も開発されたが、現在はすべて退役している。

上から、装甲型サミル100の回収型ウィシングス Mk1A、ブルドッグAPC、ESR220自走二次元レーダー

データ （カウベルMkⅡ装甲トラック）	
全備重量	21 t
全長	10.873 m
全高	3.125 m
全幅	2.50 m
主機関	ディーゼル、10気筒
同出力	268 hp
出力重量比	12.8 hp/t
ペイロード	9.685 t
最高速度	93 km/h
巡航速度	85 km/h
登坂力	60 %
超堤力	0.35 m
航続距離	1,000 km

ムボンベ

(南アフリカ)

SOUTH AFRICA

(S. Kiyotani)

ムボンベは南アフリカのパラマウント・グループが開発した、6×6の装輪式歩兵戦闘車だ。ムボンベという日本人にとっては馴染みの無い名称は、アフリカの戦士を意味するという。

ムボンベの最大の特徴は、高い防御力で、車体は200mの距離から発射された14.5mm弾の直撃や、30m離れた位置で炸裂した155mm砲弾の破片に耐えることができる。また、地雷に対する防護能力も高く、炸薬量10kgの地雷の爆風から乗員を防護できる。近年の戦場で装輪式装甲車を悩ませている携帯型ロケット弾やIEDに対する防御にも力が入れられており、車体側面の視察窓部分にはスラット・アーマーが標準装備されているほか、モジュラー装甲による防御力の強化も可能とされている。

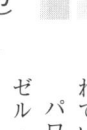

パワー・プラントはカミンズ社製のターボチャージド・ディーゼル・エンジンが採用されており、アリソン社製の6速オートマチック・トランスミッションと組み合わされている。

武装は車体上部に備えられた砲塔に、デュアルフィード式の30mm機関砲と7.62mm機銃を装備しており、また車体両側面にはスモーク・ディスチャージャーも備えられている。また、射撃統制装置には夜間暗視装置が標準装備されており、夜間や悪天候下でも効率的な戦闘を行なうことができる。

南アフリカが開発したこの装輪装甲車のご多分に漏れず、ムボンベも当初からファミリー化を想定した設計がなされており、現在までに装甲兵員輸送車型、装甲救急車型、指揮通信車型などが提案されている。

データ

戦闘重量	27,000 kg
全長	7.72 m
全幅	2.55 m
全高	2.34 m
路上最大速度	100 km/h
路上航続距離	700 km
主機関	カミンズ社製ターボチャージド・ディーゼル・エンジン
出力	336 kw
主武装	30 mm 機関砲
副武装	7.62 mm 機関銃
乗員	3 (+8) 名

マタドール

（南アフリカ）

マタドールは南アフリカのパラマウント・グループが開発した、4×4の装甲兵員輸送車だ。

マタドールの存在が明らかになったのは、2007年にUAEのアブダビで開催された兵器展示会IDEXのことで、翌2008年に南アフリカのケープタウンで開催されたアフリカン・エアロスペース・ディフェンス・エキシビションで開発が正式に発表された。現在は6×6モデルも開発されており、海外へのセールスが積極的に行なわれている。

マタドールの車体は防弾鋼板製のモノコック構造で、車体の全周に渡って7.62×51mm弾の直撃に耐えることができる。対地雷防護力に重きを置く南アフリカの装甲車輌のご多分に漏れず、マタドールも車体底面にV字型構造を採用しており、炸薬量14kgの対戦車地雷の爆風から、乗員を防護することが可能とされている。

パワー・プラントはカミンズ社製またはMAN社製のディーゼル・エンジンを選択可能で、カミンズ社製のエンジンには6速のフルオートマチック・トランスミッション、MAN社製のエンジンには12速のセミオートマチック・トランスミッションが組み合わせられる。

標準的な武装は7.62mmまたは12.7mm機関銃だが、より口径の大きい機関砲やミサイル・ランチャーなども装備も可能とされている。また、比較的大きなカーゴ・スペースを活用した、指揮通信車型や装甲救急車型も提案されている。

マタドールは南アフリカ国防軍には採用されていないが、ヨルダン陸軍とアゼルバイジャン陸軍から採用を勝ち取っている。

データ （4×4APC型）

戦闘重量	15,300 kg
全長	6.5 m
全高	2.7 m
路上最大速度	100～120 km/h
路上航続距離	700 km
主機関	カミンズ社製またはMAN社製ディーゼル・エンジン
乗員	2 (+12) 名

SOUTH AFRICA

RG-35

SOUTH AFRICA

（南アフリカ）

RG-35はBAEシステムズの南アフリカ現地法人、BAEシステムズ・ランドシステムズ・サウスアフリカ（BAEシステムズLSSA）社が開発した耐地雷装甲車輌で、現在までに4×4型と6×6型の試作車が完成している。

RG-35はアフガニスタンやイラクでの戦訓を考慮して、これまで以上に防御力の強化に力点が置かれており、車体は200mの距離から発射された14.5mm弾の直撃や、30m離れた位置で爆発した155mm砲弾の爆裂に耐えることができる。耐地雷防御力に関しても、炸薬量10kgの地雷の爆風から乗員を保護することが可能とされている。

外見から想像する以上に兵員室のスペースは大きく、6×6型は12名、4×4型は6名の歩兵を収容できる。武装は各種機関銃や機関砲などの装備が可能で、2012年に南アフリカの兵器展示会「アフリカン・エアロスペース・ディフェンス」に展示されていた6×6型の車体には、ブッシュマスター25mm機関砲と7.62mm機銃を組み合わせた自社製のリモコン・ウェポン・ステーション、TRTが搭載されていた。

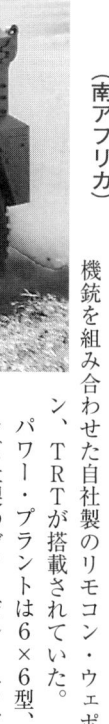

パワー・プラントは6×6型、4×4型ともカミンズ社製のディーゼル・エンジン（450hp）、トランスミッションはZF社製の6速オートマチック・トランスミッションHP602を採用している。

現時点で採用国は現れていないが、BAEシステムズLSSA社は南アフリカ国防軍のキャスパーおよびマンバの後継選定計画や、イギリス陸軍の軽装甲偵察車輌選定計画などに、RG-35を提案する意向を持っているようだ。

データ　（6×6型）

戦闘重量	15,500 kg
全長	7.4 m
全幅	2.5 m
全高	2.7 m
登坂力	60%
路上最大速度	105 km/h
主機関	カミンズ社製ディーゼル・エンジン
出力	450 hp
乗員	3 (+12) 名

RG-33

SOUTH AFRICA

（南アフリカ）

RG-33はランド・システムズOMC社（現BAEシステムズ・ランドシステムズ・サウスアフリカ社）が開発した対地雷装甲車だ。RG-33はランド・システムズOMC社の前身であるTFMC社が開発した、RG-31をベースとしている。が、RG-31とは異なり、4×4のほか車体を延長した6×6仕様のRG-33Lも開発されている。

RG-33の車体はモノコック構造で、防御レベルは明らかにされていないが、小銃弾の直撃や砲弾の破片などには耐えるとされており、増加装甲を装着することもできている。

ン3200が用いられている。武装はリモコン・ウェポン・ステーション、または銃手を保護するために防弾ガラスを用いたターレットに各種機関銃やグレネード・ランチャーを搭載する。

RG-33はアメリカ陸軍および海兵隊、特殊作戦軍のMRAP（対地雷待ち伏せ防護車輌）として1,000輌以上が採用されているほか、アメリカ陸軍のMMPV（中型対地雷防護車輌）にRG-33Lを提案することも決定している。

る。車体底面は地雷対策のためV字型構造を採用している。シャーシはメルセデス・ベンツのクロスカントリー車輌、ウニモグのものを流用しており、パワー・プラントはカミンズ400ターボ・チャージド・ディーゼルエンジン、トランスミッションはアリソ

データ （4×4型）

戦闘重量	14,000 kg
全長	8.5 m
全幅	2.4 m
全高	2.9 m
路上最大速度	108 km/h
主機関	カミンズ400ターボチャージド・ディーゼル
出力	400 hp
乗員	2 (+8) 名

RG-12

SOUTH AFRICA

（南アフリカ）

RG-12はTFM社（現BAEシステムズ・ランドシステムズ・サウスアフリカ社）が開発した、多用途装輪装甲車だ。現在までに800輌以上が製造されているがその大多数は警察や治安機関向けで、4×4仕様のほか4×2仕様も存在している。

車体は防弾鋼板製のモノコック構造で、防御レベルは5.56mmNATO弾に耐えられる。

パワー・プラントは当初国産の170hpのディーゼル・エンジンADE336を採用していたが、キャタピラー・ディーゼル社製のディーゼル・エンジンを搭載したRG-12CATというモデルも製造されている。

RG-12には段階的に改良が重ねられており、タイヤの空気圧調節装置やアンチ・スキッド・ブレーキ、さらにはエアコンと、停車中でもエアコンを稼動させるためのAPU（補助電源装置）が標準装備となったMk2、中東の某国（国名非公表）の軍の指揮通信車向けに開発されたMk3、最新バー

ジョンでパワー・プラントをメルセデス・エンジンに換装するとともに、搭載電子機器などを更新したMk4へと進化している。

これまで南ア警察、イタリア国家憲兵隊、カナダ警察、その他コロンビア、アイボリーコースト、マラウィ、モザンピークなどで使用されている。2012年には日本の警察庁が採用し、同年1輌を調達、合計7輌あるいはそれ以上が調達される予定だ。

(S. Kiyotani)

データ　（Mk.1 4×4型）

戦闘重量	9,200kg
全長	5.2m
全幅	2.45m
全高	2.64m
路上最大速度	100km/h
路上航続距離	1,000km
主機関	ADE 336T 170hp
乗員	2+6名

241

RG-41 WACV

（南アフリカ）

RG-41、別名WACV（Wheeled Armoured Combat Vehicle）は、南アフリカのBAEシステムズ・ランドシステムズ・サウスアフリカ社が、輸出向けに自社資金で開発した8×8の歩兵戦闘車だ。開発は2008年から開始され、2010年にパリで開催されたユーロサトリで初めて公開された。開発にあたってはCOTS（既成品流用）の概念が取り入れられており、既製品を多用することで開発コストを抑えている。

装甲に関してはユーザーの要求によって異なるが、車体底面は準V字型構造を採用しており、地雷に対する防御力も付与されている。ペイロードは11 tと車体規模のわりに大きく、乗員と下車兵合わせて11名が登場できる。

パワー・プラントはドイツのDeutz社製2015TCDディーゼル・エンジン（522 hp）、トランスミッションはZF5HP902を採用。いずれも装甲車輌への採用歴のあるエンジンとトランスミッションで手堅くまとめている。

兵装に関してもユーザーの要求によって選択できるが、M242ブッシュマスター25mm機関砲を搭載したアリアンテック社製のターレット、BAEシステムズ・ランドシステムズ社が開発した、M242を搭載するリモコン・ウェポン・ステーション、TRTなどが提案されている。

現時点でRG-41の採用を決めた国はないが、UAE（アラブ首長国連邦）が興味を示しており、車輌を国内に持ち込んでトライアル・テストを行なっているという。

(S. Kiyotani)

データ

戦闘重量	19,000 kg
全長	7.78 m
全幅	2.8 m
全高	2.58 m
路上最大速度	100 km/h
主機関	Deutz2015TCD ディーゼル・エンジン
出力	522 hp
主武装	25 mm 機関砲など
乗員	3+8 名

T-5

（南アフリカ）

T5は、南アフリカのデネル社が開発した装輪式自走榴弾砲だ。デネル社は装輪式自走砲の開発で先鞭をつけており、旋回式砲塔を備えた本格的な装輪式自走砲、G6も世に送り出しているが、T5はチェコのタトラ社製の民間向けトラックのキャビンなどを装甲化し、キャブ後方のデッキに155mm榴弾砲を装備したシンプルな自走砲だ。

キャビンなどの装甲に関しては明らかにされていないが、7.62mm弾の直撃程度には耐えるものと思われる。

155mm砲はユーザーの要求に応じて、52口径と45口径を選択可能となっており、52口径砲搭載型がT5-52、45口径砲搭載型はT5-45と呼ばれている。

砲弾の装填にはマガジンが使用され、装薬用の自動装填装置も備えられている。ベース・ブリード弾を使用した場合の最大射程は、T5-52が43.5km、T5-45が41kmで、発射速度はT5-52場合、最大で毎分6発、15秒で3発を発射するバースト射撃も可能とされている。

155mm砲は油圧による全周旋回式で、車体後部80°の目標に対する射撃も可能とされている。フランスのカエサル等と異なり、射撃は基本的に車体後方に向けて行う。砲の俯仰角は-3°～+75°と大きく、俯角での射撃や直接照準射撃を行なえる。T5にはオプションでクレーン式の装填補助装置が用意されており、これを用いればより迅速な装填が可能となる。

実車が公開されたのが2012年9月という新しい車輌のため、まだ導入国はないが、デネル社はインドに対して提案を行なう意向を持っている。

（S. Kiyotani）

データ （T5-52）

戦闘重量	28,000 kg
全長	10.1 m
全幅	2.9 m
全高	3.48 m
路上最大速度	85 km/h
路上航続距離	600 km
登坂力	40 %
主機関	ディーゼルエンジン
出力	355 hp
乗員	6 名

REVA IV

(南アフリカ)

REVAIVはRG-31に酷似した装輪装甲車をリリースしている、南アフリカのREVA社が開発した6×6の重装輪装甲回収車だ。

REVAIVも過去にREVA社がリリースしてきた装輪装甲車と同じく、車体のデザインはRG-31に酷似している。車体の防御力はNATOの標準防御規格、STANAG4569のレベル3に準拠しており、7.62×51mm徹甲弾の直撃に耐える。またIED対策として8.9mmの側面装甲と、さらにその内側にも8.9mmの装甲が装着されており、操縦席の防弾ガラスの厚さは84mmに達する。地雷対策を重視する南アフリカの車輌らしく、車体底部はV字型構造を採用しており、炸薬量10kgの地雷の爆風から乗員を保護することができる。

車体後部にはウィンチが装備されており、最大26tまでの車輌を牽引できる。武装は操縦席の上部に各種機関銃を装備できる。砂漠や酷暑地帯での活動を想定して、エアコンと100ℓ入りの飲料水タンクが標準装備されているほか、オプションでインターコムやGPSナビゲーションシステムの装備なども可能とされている。

REVAシリーズはタイやイラク、アフリカ諸国などへの輸出に成功しているが、REVAIVに関しては提案されている4×4仕様の自走迫撃砲型も含めて、現時点で発注した国は現れていない。

REVA IV回収車（S. Kiyotani）

データ

戦闘重量	25,000 kg
全長	6.208 m
全幅	2.445 m
全高	2.4 m
主機関	ディーゼル・エンジン
出力	366 hp

第13章
国際共同開発

ボクサー

GERMANY/NETHERLANDS

（ドイツ／オランダ）

ボクサーはドイツとオランダが共同開発した8×8の装輪装甲車だ。

ボクサーの開発は当初、イギリス、フランス、ドイツの三カ国による共同事業としてアーテック社が設立され、スタートしたが、フランスとイギリスが途中で離脱し、最終的に2001年に計画に参加したドイツとオランダによる共同事業として完成させるに至った。

ボクサーの最大の特徴は、着脱式のミッション・モジュールを交換することで、様々な任務に対応できることだろう。現時点では装甲兵員輸送モジュールと、装甲救急車として使用するための医療モジュールがドイツとオランダの両陸軍に、装甲兵員輸送モジュールの、オランダ両陸軍への採用が決まっており、装甲兵員輸送モジュール、指揮通信モジュール、貨物輸送モジュール、指揮通信モジュール、貨物輸送／指揮通信モジュールに、工兵輸送モジュールと、装甲救急車の両陸軍に、指揮通信モジュールがドイツとオランダの要求に合わせて別のものが開発・製造されている。

ボクサーのもう一つの大きな特徴と言えるのが、設計段階からステルス性を意識していることだ。ボクサーが同クラスの車体に比べて、どの程度被発見性が低いのかは明確にされていないが、排気音の低減や排気管の下方に向けることによる熱放射の抑制、傾斜角を設けた車体デザインなど、随所にステルス性を向上させるための工夫が散りばめられている。

ミッション・モジュールを搭載するシャシとミッション・モジュールは鋼板製で、それ自体の持つ防御力は大きなものではないが、装甲モジュールを装着すれば、全周に渡って14.5mm弾の直撃に耐えることができる。また、車体底部を保護する増加装甲も用意されている。

装甲兵員輸送モジュールの定員は、このサイズの車体としては少ない、7〜8名に設定されている。モジュール内の側壁に設けられた兵員用のシートにはヘッドレストとハーネス、エアバッグが備えられており、地雷の爆発やトップアタックによる衝撃から、搭乗員を護ることができる。また、居住性についても最大限考慮されており、ドイツ陸軍の装甲兵員輸送モジュールには、簡易式トイレが備えられているという。

246

パワー・プラントには711hpのディーゼル・エンジンを採用しており、戦闘重量が30tを超す車輌にもかかわらず、路上最大速度は103km/hに達する。また、全輪独立懸架、タイヤ空気圧中央制御システム（CTIS）などの採用により、不整地でも高い機動性を発揮できる。

武装はドイツ陸軍とオランダ陸軍で異なっており、ドイツ陸軍は機関銃やグレネード・ランチャーを搭載するリモコン・ウェポン・ステーション、オランダ陸軍は12.7mm機関銃を装備する。また両陸軍仕様とも、スモーク・ディスチャージャーを装備している。

前述したように、ボクサーはドイツとオランダ両陸軍に採用されており、ドイツは600輌、オランダは400輌の導入を計画している。オランダに先行して272輌を発注したドイツは既に受領を開始しており、一部の車体はアフガニスタンに派遣されている。ボクサーは輸出市場でも積極的にセールスが行なわれており、35mm「スカイレンジャー」無人砲塔を搭載した防空型、30mm機関砲を搭載した歩兵戦闘車型、120mm迫撃砲を搭載した自走迫撃砲型なども試作されているが、今のところ受注獲得には至っていない。

データ （装甲兵員輸送モジュール搭載／装甲モジュール装着時）

戦闘重量	33,000 kg
全長	7.93 m
全幅	2.99 m
全高	2.376 m
底面高	0.504 m
出力重量比	22.2 hp/t
路上最大速度	103 km/h
路上航続距離	1,050 km
主機関	MTU製V型8気筒119TE20ディーゼル・エンジン
出力	720 hp
自動変速機	アリソンHD4070
乗員	3+7名

アグラブ

（UAE／南アフリカ）

アグラブはUAEの投資顧問会社であるIGG（インターナショナル・ゴールデングループ）が、南アフリカのBAEシステムズ・ランドシステムズの4×4装甲車、RG-31 Mk.5をベースに開発した自走迫撃砲だ。

投資顧問会社が兵器の開発を手がけることに違和感を覚えるかもしれないが、IGGは装甲車輌のほか、UAV、火器、暗視装置など兵器全般のマーケティングを得意としており、アグラブはマーケティングで得たユーザーのニーズを反映する形で開発されている。

アグラブの車体は前述したようにRG-31 Mk.5のウェポン・キャリアー型をベースにしており、防御力などはRG-31 Mk.5と同等と考えられる。

搭載している120mm迫撃砲は、シンガポールの兵器メーカーであるシンガポール・テクノロジー・キネティック社が開発した車載用軽量迫撃砲SRAM（Super rapid Advanced Motor System）で、別名MMS（Mobile Mortar System）とも呼ばれている。120mm SRAMの最大射程は9,000mで、毎分10発という極めて速いレートでの発射が可能とされている。またタッチスクリーン式のディスプレイを採用した射撃統制装置「アラニダ」や、レーザー・ジャイロとGPSを組み合わせたナビゲーションシステムなども標準で装備されている。

アグラブは2007年にUAEのアブダビで開催された兵器見本市、IDEX2007で初めて公開されたが、4年後のIDEX2011では車体上部にドイツのラインメタル社が開発した防御装置「ロージーL」が搭載されたアグラブMk.2が発表されている。

現時点での導入国はUAE国防軍のみで、アグラブ（Mk.1）とMk.2合わせて、120輌が発注されている。

(S. Kiyotani)

データ

不明

ニマー

（UAE／ヨルダン）

ニマーはUAEのアブダビ首長国に本拠地を置くビン・ジャバ・グループと、ヨルダンの兵器メーカーKADDB（アブドゥル2世国王設計開発局）が共同開発した汎用軍用車輌だ。ロシアのGAZ社やオーストラリア、南アフリカの自動車関連企業の協力を得て製造されたプロトタイプは2000年に完成し、2005年から量産が開始されている。

ニマーの車体はアメリカのHMMV（ハンヴィー）に酷似しており、またソフトスキン仕様とハードスキン（装甲化）仕様の両タイプが存在している点も、HMMVと共通しているが、ニマーは4輪駆動型に加え、6輪駆動型も開発されている点がHMMVとは大きく異なる。

ハードスキン仕様車の装甲はNATOの標準防御規格、STANAG4569のレベル3を充たしており、全周で7.62mm弾の直撃に耐えうる防御力を持つ。対地雷防御力はSTANAGのレベル2で、炸薬量6kgの地雷の爆風から乗員を保護できる。パワー・プラントにはカミンズ社製のISBe245ターボチャージド・ディーゼル（300hp）が採用されているが、4×4の車輌の一部は245hpのディーゼル・エンジンを搭載している。

キャビンの後方はカーゴスペースとされているが、対戦車ミサイルや対空ミサイルの搭載も可能で、ビン・ジャバ・グループはMBDA、ラインメタルと共同で、戦車駆逐型の「ニムラッド」、自走対空ミサイル型の「ニムラッド」を開発している。

ニマーはUAE陸軍に500輌が採用されているほか、リビアとチュニジアにも輸出されている。また、レバノン軍も、能力向上型のニマーⅡ（4×4）型を評価用に少数導入している。

ニマー 6×6 装甲偵察車 （S. Kiyotani）

データ （6×6装甲偵察車型）

戦闘重量	13,000 kg
全長	5.95 m
全幅	2.20 m
全高	2.30 m
出力重量比	23.4 hp/t
路上最大速度	135 km/h
路上航続距離	800 km
主機関	カミンズ ISBe245 6気筒ターボチャージド・ディーゼル
出力	300 hp
主武装	12.7mm機銃など
乗員	1 (+4) 名

ウォーウルフⅣ

NAMIBIA/SOUTH AFRICA

（ナミビア／南アフリカ）

ナミビア陸軍の4×4主力装甲車で、南アフリカのメカム社（現デネル社）から設計協力を得て、南アの装甲車輌と同様に耐地雷構造を採用しており、車輪下での2発の対戦車地雷（各TNT5kg）、乗員室下部で1発（TNT5kg）の爆発に耐えられる。耐弾性能はこの種の車輌としては平均的な、7.62mmNATO弾の直撃に耐えるレベルにある。

ウォーウルフの最も大きな特徴は乗員室の後方がフラットになっている点で、そこにモジュール式のユニットを搭載できるようになっている。つまりユニットを変更するだけで、兵員輸送車からタンカー、野戦救急車、指揮通信車、自走対空砲、回収車などとして運用できるのだ。タンカーとして使用する場合、4,000～5,000ℓのキャパシティがあり、回収車ではAPC型は南アのキャスパーに酷似しており、10～12名の兵員が収納可能で、左右各2つの大型防弾ガラスの窓と4カ所のガンポートが設けられている。C-160トランザールないしC-130輸送機で同時に2輌が空輸可能である。

原型は南アで西南アフリカやナミビアの治安部隊の対ゲリラ作戦用として開発・生産されていたウルフおよびその後継のウルフⅡで、その改良型がウォーウルフⅢであり、ウォーウルフ同様にモノコック構造を採用していた。ウォーウルフはナミビア陸軍に30輌が採用されているが、現時点で何輌が現役にあるのかは明らかでない。

南アフリカの技術支援によって開発されたウォーウルフの自走対空機関砲型

データ

乗員	2+10～12名
重量	6t（モジュラー部含まず）ペイロード5t
全長	5.200 m
全高	2.220 m
全幅	2.200 m
エンジン出力	110 kW（ディーゼル）
トランスミッション	5速シンクロナイズド
最高速度	120 km/h
渡渉	1 m
旋回半径	14.5 m
登坂力	68 %
超堤高	0.50 m
航続距離	1200 km（路上） 600～800 km（路外）

RN-94 （トルコ／ルーマニア）

TURKEY/ROMANIA

RN-94は新興工業国のトルコと東欧のルーマニアが、共同で開発した装輪6×6型のAPC/IFVだ。

車体はオーソドックスな防弾鋼板の全溶接構造で、外観は平面の各接合部に角度のついたスイスのピラーニャに似ているが、車内の最前部には操縦士席（左側）と車長席が東欧・旧ソ連の装輪装甲車輛と同様に並列配置になっており、この直後の車体左寄りには動力室がある。この右端には細い通路があり、車長・操縦室と車内後半部の兵員室とを繋いでいる。

後半の兵員室には、最大で11名までの完全武装の兵員が収容できる。

パワー・プラントは、出力240hpのカミンズ6CTA8.3-10または260hpの6CTA8.3-20と、アリソン自動トランスミッションとの組み合わせで、出力重量比は18.56〜20hp/tとなる。西側の第一級の車種に比べると、ややアンダー・パワーだが、路上における機動力は最大速度が110km/h、路上航続距離500kmと十分な実用レベルに達している。

武装／砲塔は、これまでに5種類が開発されているが、最初のAPC型には、14.5mm機関銃と7.62mm機関銃を同軸に装備する小型の銃塔が車体上面の中央部に搭載されていた。これに対し、トルコ陸軍向けの5輌のプロトタイプには、搭載武装を西側規格のものとした4種類の1人用小型砲塔が試作・搭載されている。

RN-94は開発国のトルコとルーマニアには採用されず、少数の装甲救急車型がバングラデシュに採用されるにとどまっている。

トルコ陸軍向けに造られたRN-94の12.7mm・7.62mm 砲塔型

データ

戦闘重量	13,000 kg
全長	6.715 m
全幅	2.8 m
車体上面高	2.05 m
底面高	0.43 m
主機関	カミンズ 6CTA または 6CTAA ディーゼル
同出力	240〜260 hp
トランスミッション	アリソン全自動
ブレーキ	2段油圧式
ステアリング	前2軸油圧式
路上最大速度	110 km/h
路上航続距離	500 km
登坂力	60%
転覆限界	30%
超堤高	1.1 m
渡渉水深	水陸両用
旋回半径	9.5 m
武装	12.7mm 銃機関銃×1 から 25mm 機関砲×1 + 7.62mm 機関銃×1、40mm 擲弾発射機×1 まで各種
対NBC装置	オプション
夜間暗視装置	オプション
乗員	2+11 名

VBTP-MR

BRAZIL/ITALY

（ブラジル／イタリア）

VBTP-MR「グアラニ」は、ブラジル陸軍と海兵隊が運用しているEE-11「ウルツ」装甲車の後継として、ブラジル陸軍とイタリアのイベコ社が共同で開発した6×6の水陸両用装輪装甲車だ。

車体はイベコ社が開発した8×8の装甲車、「スーパーAV」を6×6仕様としたもので、車体の防御力は明らかにされていないが、スーパーAVと同様にNATOの標準防御規格、STANAG4569のレベル1と見られており、増加装甲の装着も可能とされている。

パワー・プラントはイベコ社製の「クルソア9」ディーゼル・エンジン（383hp）、サスペンションは油気圧式を採用している。APC型などは国産のリモート・ウェポン・ステーション「REMAX」（Reparo de Metralhadora automatizada X）を、歩兵戦闘車型はイスラエルのエルビット社が開発したUT-30BR砲塔を搭載する。UT-30BRにはMk44ブッシュマスターII 30mm機関砲と7.62mm機銃が備えられており、砲の俯仰角は-15°～+60°で、砲手席だけでなく車長席からの射撃も可能となっている。

ブラジル陸軍と海兵隊はAPC型や歩兵戦闘車型、指揮通信車型など合計2,044輌の導入を計画しており、2012年夏には最初の86輌の発注計画が締結されている。また、アルゼンチン陸軍も14輌を仮発注している。

データ （歩兵戦闘車型）

戦闘重量	18,300 kg
全長	6.9 m
全幅	2.7 m
全高	2.34 m
路上最大速度	90 km/h
路上航続距離	600 km
主機関	イベコ クルソア9 ディーゼル・エンジン
出力	383 hp
主武装	30 mm 機関砲
副武装	7.62 mm 機関銃
乗員	2+9 名

歩兵戦闘車型の三面図

■ クリエィティブ・コモンズ・ライセンスによる著作物の使用
・ すべて元の作品を加工しています。

- Attribution 2.0 Generic (CC BY 2.0)
  http://creativecommons.org/licenses/by/2.0/deed.en
- P76 ©Alexandre Prévot (14 July 2012(2012-07-14))
  http://commons.wikimedia.org/wiki/File:Renault_Kerax_410.jpg
- P125 © Mario Antonio Pena Zapateria (24 May 2008)
  http://commons.wikimedia.org/wiki/File:Centauro_tank_destroyer_in_spanish_armed_forces_day.jpg

- Attribution-ShareAlike 2.5 Generic (CC BY-SA 2.5)
  http://creativecommons.org/licenses/by-sa/2.5/deed.en
- P144 ©böhringer friedrich (1 October 2011)
  http://commons.wikimedia.org/wiki/File:Mannschaftstransportpanzer_MTPz_Panadur_1.JPG
- P145 ©böhringer friedrich (4 October 2008)
  http://commons.wikimedia.org/wiki/File:Radpanzer_Pandur_Austria_3.JPG

- Attribution-ShareAlike 3.0 Unported (CC BY-SA 3.0)
  http://creativecommons.org/licenses/by-sa/3.0/deed.en
- P102 ©Pibwl (1 September 2009)
  http://en.wikipedia.org/wiki/File:BTR3.jpg
- P118 ©Kos93 (5 June 2009)
  http://commons.wikimedia.org/wiki/File:Nora_B-52_4.JPG
- P147 ©Petrică Mihalache (19 March 2008)
  http://commons.wikimedia.org/wiki/File:EOD_team_ready_for_the_exercise.jpg
- P171 ©Chamal N (7 October 2009)
  http://commons.wikimedia.org/wiki/File:SLA_Mechanized_Infantry_WMZ551.JPG
- P188 © 玄史生 (9 October 2011)
  http://commons.wikimedia.org/wiki/File:CM-32_Yunpao_APC_in_Chengkungling_Rear_View_20111009b.jpg
  http://commons.wikimedia.org/wiki/File:CM-32_Yunpao_APC_Display_in_CCK_Air_Field_20111112a.jpg
- P189 ©nlann (26 June 2010)
  http://commons.wikimedia.org/wiki/File:NDP2010_Terrex_ICV_2.jpg
- P213 ©Krasimir Grozev (30 May 2012(2012-05-30))
  http://en.wikipedia.org/wiki/File:Bulgarian_sandcat.jpg

■ 写真協力

D.o.D	IAI	VÝVOJ Martin, a.s.
U.S. Army	IVECO	YUGOINPORT
U.S. Air Force	JCB	ZTS – ŠPECIÁL, a.s.
U.S.M.C.	KARAMETAL	重慶長安汽車公司
防衛省	KMDB	陝西宝鶏専用汽車有限公司
防衛省技術研究本部	Krauss-Maffei Wegmann GmbH & Co. KG	
	Lockheed Martin	AlfvanBeem
Acmat	NAVISTER DEFENSE	Anachrone
AVIBRAS	Mercedes-Benz	Dino246
BAE Systems Land Systems	Nexter	Los688
BAE Systems Land Systems South Africa	NORINCO	Ox glennwhite
CPMIEC	Otokar	רלוס הגדול
CSI	Panhard	津川 裕輝
Denel	Paramount Group	S.Kiyotani (清谷 信一)
DIO	Patria	Trampers (有)トランパーズ)
Doosan Infracore	Renault Trucks Defense	
Force Protection Europe	Rheinmetall Defence	
GAZ	ROMARM	
General Dynamics European Land Systems	SAMSUNG TECHWIN	
General Dynamics Land systems-Canada	SUPACAT	
Hyundai Rotem	Universal Engineering	

■著者紹介（五十音順）■

荒木　雅也（あらき　まさや）

1982年岐阜県生まれ。立命館大学国際関係学部卒、同大学院博士前期課程修了。専門は国際レジーム論で、冷戦期及びポスト冷戦期における欧州安全保障に関するレジーム間相互作用を中心に研究。学部生時代より月刊『PANZER』へ寄稿を始め、現在は月刊『AIR WORLD』、月刊『丸』などに軍事関連記事や自衛隊取材写真を発表。

井上　孝司（いのうえ　こうじ）

1966年静岡県生まれ。マイクロソフト(株)を経て、1999年春に独立。IT系のバックグラウンドを活かした『戦うコンピュータ2011』、さらに『現代ミリタリー・ロジスティクス入門』(いずれも光人社刊)など、多様な著述活動を展開中。『航空ファン』『Jwings』『エアワールド』『軍事研究』『丸』などにも寄稿している。技術系の話に加えて、防衛産業界の動向・政策にも関心が強い。Web URL : http://www.kojii.net/

河津　幸英（かわづ　ゆきひで）

1958年静岡県生まれ。軍事評論家。立命館大学卒。趣味で兵器、軍事史に興味を持ち、ついに日本唯一の軍事問題専門誌、月刊『軍事研究』の仕事をするようになった。現在『軍事研究』(ジャパン・ミリタリー・レヴュー社)編集長。『軍事研究』本誌等に記事を発表。講演活動もこなす。日本兵器研究会の常連執筆者でもある。著書に『アジア有事・七つの戦争』(二見書房・共著)、『戦場のIT革命』、『図説アメリカ空軍の次世代航空宇宙兵器』、『図説:自衛隊の国土防衛力』、『図説:自衛隊有事作戦と新兵器』(アリアドネ企画)、湾岸戦争大戦車戦(上)、〈下〉(イカロス出版)などがある。

小林　直樹（こばやし　なおき）

1963年東京都生まれ。東海大学政治経済学部卒。月刊『PANZER』の編集部員として入社。現在はフリーのライター／編集者として隔月刊誌『歴史群像』(学研)を中心に、医療関係などの編集として活動中。著書に『航空機名鑑・ジェット時代編−上下』(光栄・共著)、『見えない脅威　生物兵器』(アリアドネ企画)。

齋木　伸生（さいき　のぶお）

1960年東京生まれ。早稲田大学政治経済学部卒、経済学士、早稲田大学大学院法学研究科修士課程修了、法学修士、博士課程、課程修了。小学校時代から戦車などの模型にはまる。長じて戦史や安全保障の問題にも興味を持ち、大学院では国際関係論を研究。研究上はソ連・フィンランド関係とフィンランドの安全保障政策が専門。軍事・兵器に関しては陸海空に精通。とくにソ連の兵器と世界の戦車のエキスパート。艦船模型サークル『ミンダナオ会』所属。『丸』『軍事研究』『ミリタリー・クラシック』『Jシップス』に連載、『Jグランド』『アーマー・モデリング』『グランドパワー』等にも多数寄稿。著書に『ヒトラー戦跡紀行 いまこそ訪ねよう第三帝国の戦争遺跡』『タンクバトル1-5』『異形戦車おもしろ大百科』『ドイツ戦車発達史』((光人社)、『フィンランド軍入門 極北の戦場を制した叙事詩の勇者たち』(イカロス出版)、『冬戦争』(イカロス出版／近刊)などがある。

竹内　修（たけうち　おさむ）

1970年長野県生まれ。立命館大学法学部卒。建設業界紙記者、不動産シンクタンク、編集プロダクション勤務などを経て月刊『PANZER』、月刊『航空情報』、『世界航空機年鑑』の編集などに従事した後、現在は月刊『AIRWORLD』編集長。月刊『丸』などで軍事関連記事を発表すると共に、一般誌のコメンテーターとしても活動中。

田村　尚也（たむら　なおや）

1968年東京生まれ。法政大学経営学部出身。大手自動車会社等を経て独立。雑誌『歴史群像』『軍事研究』『J-Wings』『丸』『グランドパワー』などに軍事・戦史関係の記事を執筆。著書に『萌えよ！戦車学校』Ⅰ～Ⅵ、『萌えよ！陸自学校』（イラスト＝野上武志）、『フランス軍入門』（イカロス出版）等がある。

津川　裕輝（つがわ　ゆうき）

父親が自衛官という境遇であったため、物心ついたときから自衛隊には関心があった。その後、大学在学中にイギリスに留学したことをきっかけに国際問題にも興味を持ち始め、大学卒業後は出版社勤務を経てフリーランスとして現在仕事中。

三鷹　聡（みたか　さとし）

1965年愛知県生まれ。東海大学政治経済学部卒。学生時代国際政治学のゼミに所属したことからヨーロッパの安全保障問題、軍事に関心を持ち始める。現場の空気を感じたくて冷戦只中の東西ヨーロッパを一人で巡り、東側の憲兵に勾留されたという『貴重な』経歴も持つ。現在は、月刊『PANZER』、『軍事研究』に記事を発表している。また、ミリタリーカメラマンとして、主に自衛隊関係の写真を各誌に発表している。

■監修協力■

宇垣　大成（うがき　たいせい）

1959年東京都生まれ。軍事評論家。和光大学卒。月刊『軍事研究』編集、月刊『PANZER』編集長を経て現在フリー。『PANZER』、『軍事研究』、『丸』などに記事を発表している。翻訳に『世界の特殊部隊』（ホビージャパン）、著書に『極東有事勃発の日』（KKベストセラーズ／共著）がある。

■編者紹介■

清谷　信一（きよたに　しんいち）

軍事ジャーナリスト、作家。1962年生まれ。東海大学工学部卒業。03～08年まで英国の軍事誌 Jane's Defence Weekly 日本特派員。香港を拠点とするカナダの民間軍事研究機関、Kanwa Information Center 上級顧問。日本ペンクラブ会員。共著に『アメリカの落日―「戦争と正義」の正体』、『すぐわかる国防学』、『軍事を知らずして平和を語るな』など。著書に『自衛隊、そして日本の非常識』、『ル・オタク　フランス　おたく物語』、『専守防衛―日本を支配する幻想』、『防衛破綻―「ガラパゴス化」する自衛隊装備』、『国防の死角』などがある。ネットでは朝日新聞『WEBRONZA+』、『日経ビジネスオンライン』などにも寄稿。
公式ブログ「清谷防衛経済研究所」http://kiyotani.at.webry.info/

世界の最新装輪装甲車カタログ

2013 年 2 月 10 日　第 1 刷発行

編　者　　清谷信一
発行者　　前田俊秀
発行所　　アリアドネ企画
発売所　　株式会社三修社
〒150-0001　東京都渋谷区神宮前 2-2-22
電話 03-3405-4511　FAX 03-3405-4522
振替 00190-9-72758
http://www.sanshusha.co.jp
編集担当　　北村英治
印刷・製本　　萩原印刷株式会社
©2013 S. KIYOTANI. Printed in Japan
ISBN978-4-384-04539-0 C0031

Ⓡ〔日本複製権センター委託出版物〕

本書を無断で複写複製(コピー)することは、著作権法上の例外を除き、禁じられています。
本書をコピーされる場合は、事前に日本複製権センター(JRRC)の許諾を受けてください。
JRRC　http://www.jrrc.or.jp
eメール：info@jrrc.or.jp　電話：03-3401-2382